家庭农场生态种养丛书

中华鳖
稻田生态种养新技术

刘丽　邓时铭　王冬武◎主编

CS K 湖南科学技术出版社

前　言

　　中华鳖是集营养、美味、药用于一身的名贵水生动物。我国中华鳖养殖已有40多年的历史。40多年来,中华鳖养殖经历了从利用天然资源粗放式养殖到生态健康养殖的发展过程,现已成为我国淡水渔业中发展速度最快、效益最好、集约化程度最高的产业之一,2018年全国中华鳖产量维持在30万吨左右。但长期的集约化高密度养殖模式,一方面造成养殖尾水排放强度大,带来环境压力;另一方面,中华鳖的品质下降,产品市场价值没有得到很好体现,影响了养殖的经济效益。因此,变速度数量型为质量效益型,发展资源节约、环境友好的养殖新模式,是当前转变中华鳖产业发展模式的必然选择,符合农业供给侧结构性改革、乡村振兴战略的政策导向,对推进现代渔业提质增效、助力渔业转型升级具有重要意义。

　　稻鳖生态种养是稻渔生态种养模式中经济效益更高、发展前景更好的一类种养模式,但也面临着诸多技术难题。有鉴于此,笔者总结多年的研究和实践经验,调查湖南相关稻鳖综合种养企业、家庭农场和部分养殖户,参考国内同行研究技术成果,编写成《中华鳖稻田生态种养新技术》。本书介绍了中华鳖产业发展现状与趋势、中华鳖生物学习性与苗种繁育、中华鳖的营养需求、场地的选择与设计、水稻品种的选择与栽培、稻田养殖中华鳖实用技术、常见病害的防控、稻田养鳖的成本核算与效益分析、中华鳖的综合利用与销售等内容。本书既有理论知识又有实践经验,比较全面地介绍了目前稻鳖生态种养的新技术、新成果。

　　本书融科学性、知识性、新颖性、实用性为一体,深入浅出、通俗易懂、内容详实，可操作性强，可供稻鳖种养户、水产科技工作者和研究人员参考。限于编写者的水平，本书难免有不足和错误之处，希望读者批评指正。

编　者

2021 年 6 月

目　录

第一章　中华鳖产业发展现状与趋势

我国中华鳖养殖已有 40 多年的历史。40 多年来，中华鳖养殖经历了从利用天然资源粗放式养殖到人工集约化养殖的发展过程，现已成为我国淡水渔业中发展速度最快、效益最好、集约化程度最高的产业之一。1995 年全国中华鳖产量突破 10 万吨；2008 年，全国中华鳖养殖产量达 20.4 万吨；2012 年达 33.14 万吨，之后产量趋于稳定；至 2018 年全国产量维持在 30 万吨左右。

第一节　养殖历史概述

我国的中华鳖养殖发展过程经历了三个转型阶段：即从"捕捞型"到"养殖型"（1970—1990）；从"养殖型"到"数量型"（1991—1995）；从"数量型"到"质量型"（1996 年至今）。

一、从"捕捞型"到"养殖型"（1970—1990）

20 世纪 70 年代至 80 年代初，因长期受到野外捕捞影响，野生鳖数量日益锐减，但食用和药用需求却日益增加，消费市场出现供不应求的状况，引起鳖价格逐渐上涨。在湖南、湖北等地先后出现了少量的小规模中华鳖养殖场，由此拉开了我国鳖类养殖业序幕，完成了我国鳖类动物从"捕捞型"到"养殖型"的转变，实现了从天然捕捞到人工养殖的飞跃。此阶段的养殖场以湖南、江西、湖北和江苏居多，养殖规模较小，养殖对象仅为中华鳖，未见其他鳖类被养殖；养殖方式以季节性暂养为主，即将野外捕捞的鳖饲养于池塘中，经过一段时间暂养，在冬季或者是春节前后出售，以获取较高利润；另外，小规模常温池塘饲养和水泥池饲养也是养殖方式之一。因缺乏养殖技术，我国的鳖类养殖一直到 20 世纪 80 年代中后期仍未受到重视，也未得到普及。

二、从"养殖型"到"数量型"（1991—1995）

20 世纪 80 年代中期，随着改革开放深入，对外文化和技术交流活动日益频繁，日本养殖中华鳖技术，特别是温室养殖中华鳖技术传到了中国。不久，中国科研人员进一步完善了温室养殖中华鳖技术。温室养殖技术原理是将中华鳖饲养于水温 28～32 ℃水域中，每天投喂饵料 1～3 次，促使中华鳖四季生长。由于温室养殖技术改变了中华鳖冬眠习性，鳖生长速度加快，4～6 个月后稚鳖可长成 250～400 g 的商品鳖。因温室养殖中华鳖经济效益显著，引起了众多养殖户和投资者的关注，短时间内在江苏、浙江、湖南等省形成了全封闭温室养殖中华鳖热潮，南方以塑料大棚温室为主。此后，中华鳖市场发展迅猛，至 1991 年，我国许多省（市、自治区）兴起温室养殖中华鳖热潮。究其因有三：①温室养殖中华鳖利润可观的消息不胫而走，吸引了许多投资者；②1993 年马家军的田坛神话使"中华鳖精"在中国市场上掀起了一股"王八"热，中华鳖及其产品成为人们首选保健品；③改革开放使人们生活水平得到改善，人们对生活质量有了更高需求，关注自身健康和注重自身保健的意识也有了提高。由此可见，这三方面因素促使中华鳖市场需求量骤增。与此同时，野生鳖资源因滥捕、环境污染而日趋衰竭，市场供求失衡，中华鳖价格迅速上涨。由于早期养鳖者获得了高利润，在人们眼中，中华鳖养殖业成为暴利行业，许多投资者纷纷加入，大江南北先后出现了不同规模的中华鳖养殖场，辽宁、河北、陕西等地也出现了中华鳖养殖场，甚至内蒙古的乌海市也采用日光温室养殖中华鳖，除新疆、西藏外，我国每个省（市、自治区）几乎都有不同规模的中华鳖养殖场，大到 1000～3000 亩（1 亩≈

667 m²),小到5～10亩,在湖北、江苏、浙江、湖南、广东和海南等省出现了养鳖村、养鳖镇。湖北京山县永兴镇,湖南汉寿县,浙江的嘉兴、萧山、绍兴等周边地区,广东的顺德和海南的文昌及周边地区都是闻名全国的中华鳖养殖区域。至1995年,我国中华鳖养殖年产量超过10万吨大关,产值约50亿元,跃居世界之首,形成了大规模、有影响的特种水产养殖产业。至此,我国鳖养殖由"养殖型"向"数量型"转变。

20世纪90年代中后期,我国的养鳖业以每年翻一番的速度向前发展,成为世界第一养鳖大国。此阶段鳖类的养殖种类以中华鳖为主,广西壮族自治区和海南省仅少数养殖户在养殖中华鳖的同时兼养少量山瑞鳖。

三、从"数量型"到"质量型"(1996年至今)

鳖类养殖从养殖型上升到数量型,是市场发展的必然结果。至1995年,中华鳖种鳖价格达到历史最高峰(每千克500～600元),鳖苗每只38～42元。鳖养殖热潮的背后也隐藏着危机(主要指中华鳖)。由于出现"倒种""炒种"现象,加之来自泰国和我国台湾养殖的中华鳖,具有成本低、上市早和数量大等优势,给中华鳖市场造成严重冲击,中华鳖养殖业的寒冬悄然来临。1996年下半年是中华鳖养殖业的分水岭,1996年上半年成体鳖为每千克500～600元,至1996年下半年降至每千克200～300元;鳖苗降为每只5元。此后几年,中华鳖行情一路下滑。随着消费者环保与保健意识增强,媒体对温室养殖中华鳖饲料不当使用添加剂、激素的报道,引起消费者对鳖营养价值的怀疑,从而使中华鳖遭到消费者冷落,价格跌入历史低谷,市场受挫严重,中华鳖迈入历史上滞销的阶段。痛定思痛,一部分养殖户开始尝试绿色养殖中华鳖,以自然生态环境开展优质安全并具野生风味的中华鳖养殖试验。他们在鳖池中养水葫芦等植物,池塘四周栽种绿树，池底养殖河蚌、螺等水生动物，水体中养淡水青虾、花白鲢以及一些小杂鱼。这种仿野生环境饲养的中华鳖除了少量投喂必需的复合饵料外，其他生长环境几乎完全处于野生状态。2～3年后，中华鳖最小个体重300 g左右，最大个体重1000 g左右。其肉质、口味、裙边、色泽和肥满度等都比温室中华鳖好，而且爬行敏捷、野性十足，可与野生中华鳖相媲美。尽管这些鳖生长周期长，但投放市场后深受消费者喜欢。

以生态环境生产无公害食品为主攻方向，恪守原生态绿色食品健康口味的生态养殖模式很快普遍推开，养殖户纷纷仿效，而且又衍生出"藕田套养""生态鳖鱼套养""南美白对虾生态鳖套养"等养殖模式，养殖户对产品质量的重视远远超过对产量的追求。在养殖过程中，他们逐渐认识到：从高质量中才能求得高效益。农药残留超标、鳖种质量、养殖技术、疾病防治和环境污染等方面是当前质量安全的首要问题。为了避免鱼龙混杂，养殖户致力于产品品牌建设，积极推进产品质量工程，"绿卡""永兴""千岛湖""明凤""清溪""西湖之春""南县中华鳖"等中华鳖商标被注册，其中浙江省注册的品牌最多。至此，我国的中华鳖养殖业由"数量型"向"质量型"转变。

至2017年，初步估计，我国养鳖面积达120万～130万亩。除青海、西藏、吉林等地外，其他省（市、自治区）均有中华鳖养殖。养殖区域主要集中在山东、江苏、浙江、湖南、湖北、江西、广东、广西和海南9个省（自治区），且养殖规模巨大，养殖户分布集中，密集度高。广东、湖南、浙江和江苏等地形成养鳖专业镇、村，其中，浙江、广东最突出，也最具代表性；广西、河南、湖北次之。

第二节　养殖品种（系）与主要模式

一、中华鳖主要养殖品种（系）

我国土著的中华鳖品种主要有中华鳖、山瑞鳖和斑鳖，后两个品种数量很少，故被国家列为保护动物，特别是斑鳖，其珍贵性可与熊猫同论。中华鳖是我国目前养殖的主要品种，但因我国幅员辽阔，南北东西之间的纬度和气候差异大，所以各地域之间也出现了一些生态地理品系，它们的商品在市场上也因地域品系的不同而价格不同，有的甚至相差很大。

1. 北方品系（北鳖）。主要分布在河北以北地区，体形和特征与普通中华鳖一样，但较抗寒，通过越冬试验，在 10 ℃至零下5 ℃的气温中水下越冬，成活率较其他地区的高 35%，是一个很适合北方和西北地区养殖的优良品系。

2. 黄河品系（黄河鳖）。主要分布在黄河流域的甘肃、宁夏、河南、山东境内，其中以河南、宁夏和山东黄河口的鳖为最佳。由于特殊的自然环境和气候条件，使黄河鳖具有体大裙宽、体色微黄的特征，很受市场欢迎，生长速度与太湖鳖差不多。

3. 洞庭湖品系（湖南鳖）。主要分布在湖南、湖北和四川部分地区，其体形与江南花鳖基本相同，但腹部无花斑，特别是在鳖苗阶段其腹部体色呈橘黄色，它也是我国较有价值的地域中华鳖品系，生长速度和抗病力与太湖鳖差不多。

4. 鄱阳湖品系（江西鳖）。主要分布在湖北东部、江西及福建北部地区，成体形态与太湖鳖差不多，但出壳稚鳖腹部橘红色无花斑，生长速度与太湖鳖差不多。

5. 太湖品系（又名江南花鳖）。主要分布在太湖流域的浙江、江苏、安徽、上海一带。除了具有中华鳖的基本特征外，主要是背上有 10 个以上的花点，腹部有块状花斑，形似戏曲脸谱。江南花鳖是一个有待选育的地域品系。它在江、浙、沪地区深受消费者喜爱，售价也比其他鳖高，特点是抗病力强，肉质鲜美。

6. 西南品系（黄沙鳖）。是我国西南广西的一个地方品系，体长圆、腹部无花斑、体色较黄，大鳖体背可见背甲肋板。其食性杂、生长快，但因长大后体背可见背甲肋板，此形象在有些地区会影响销售。在工厂化养殖环境中鳖的体表呈褐色，有几个同心纹状的花斑，腹部有与太湖鳖一样的花斑。在工厂化环境中生长速度比一般中华鳖品系快。

7. 台湾品系（台湾鳖）。台湾品系主要分布在我国台湾南部和中部，体表、形态与太湖鳖差不多，但养成后体高比例大于太湖品系。台湾品系是我国目前工厂化养殖较多的中华鳖地域品系，因其性成熟较国内其他品系早，所以很适合工厂化养殖小规格商品上市（400 g 左右），但不适合野外池塘多年养殖。

此外，近年来还陆续从国外引进养殖的中华鳖品种有：

1. 日本鳖。主要分布在日本关东以南的佐贺、大分和福冈等地，也有传说目前我国引进的日本鳖原本是我国太湖流域的中华鳖经日本引入后选育而成（但未见有文章报道），故也有叫日本中华鳖的，目前被农村农业部定为中华鳖（日本品系）。

2. 珍珠鳖（佛罗里达鳖）。佛罗里达鳖属鳖科鳖亚科软鳖属，又称珍珠鳖、美国瑞鱼。分布在美国，主产区在佛罗里达州。1996年我国开始引进养殖。佛罗里达鳖体色艳美、个体较大、生长迅速，但清蒸后肉质不如国内中华鳖鲜美。

3. 泰国鳖。体形长圆，肥厚而隆起，背部暗灰色，光滑，腹部乳白色，微红，颈部光滑无瘰疣，背腹甲最前端的腹甲板有铰链，向上时背腹甲完全合拢，后肢内侧有两块半月形活动软骨，裙边较小，行动迟缓，不咬人，其中 500 g 以上的成鳖背中间有条凹沟。其外部体色近于国内中华鳖，只是其腹部花色呈点状，不是块状。这种鳖生长快，喜高温，但肉质差，且早熟，一般 400 g 就开始产卵，所以它最适合在温室内控温直接养成成鳖上市，不适合在温差较大的野外多年养殖。

4. 刺鳖。又称角鳖，主要分布于加拿大最南部至墨西哥北部间。体形较大，体长可达 45 cm。吻长，形成吻突。背甲椭圆形，背部前缘有刺状小疣，故叫刺鳖。21 世纪初引入我国，为大型品种，所以消费对象主要是宾馆、饭店，因市场局限而不应盲目发展。

二、养殖模式

目前，中华鳖养殖模式主要有以下几种：

1. 仿野生生态中华鳖养殖模式。通过温度、光照、水体生物结构、水中二氧化碳和氧气的平衡，氨氮物质的积累等生态因子，建立起接近中华鳖野生环境的稳定的良性养殖水体。仿野生生态环境培育出的中华鳖不仅体薄片大、脂肪少、裙边大而厚，而且体质健壮，有光泽、野性十足；在这种模式下养殖的中华鳖无论是营养价值还是市场价格，都具有很大的优势。这种模式以湖南、湖北等地居多。

2. 虾鳖鱼混养模式。主要是南美白对虾与中华鳖混养，以这种方式养殖出来的中华鳖俗称"对虾鳖"。虾鳖鱼混养的中华鳖野性十足、肉质和口感接近于野生中华鳖。南美白对虾的生长过程中要蜕几次壳，蜕壳时易死亡，不及时清理，死虾就会腐烂，虾鳖鱼混养利用中华鳖的肉食性，吃掉一部分弱虾，既切断了对虾的病源传染途径，又增加了中华鳖的营养。这种模式以浙江、江苏等地居多。

3. 稻鳖共生模式。水稻通过根系吸收中华鳖排出的有机质，起到改良中华鳖生态环境的作用。中华鳖为稻田疏松土壤和捕捉害虫，起到减少中华鳖疾病、生物防治水稻病害的作用。稻鳖共生模式，不仅使粮食稳产，还增加了收入。同时，也提高了稻谷、中华鳖质量。这种模式以浙江、湖南等地居多。

4. 温室育苗＋池塘育肥养殖模式。两段养殖品种多为中华鳖日本品系，养殖模式即温室＋外塘的养殖方法。第一阶段幼鳖在温室培育，第二阶段进行外塘放养。两段养殖生态模式让中华鳖开始从温室大棚重返池塘，提升了经济和生态双重效益。

5. 三段生态可控养殖模式。在生态可控的条件下，稚鳖到成鳖分三段在大小规格不同的养殖池，用三年养殖时间养成平均在800 g左右的商品鳖。三段养殖全部生态露天养殖：小池稚鳖阶段每平方米可养50只，中池幼鳖阶段每平方米15只，大池成鳖阶段每平方米3～5只。这一模式节地、节能、节约饲料、节约劳动力，生态环保，能保证中华鳖外观光泽漂亮，适应品牌销售，销售价格高。目前这一模式已形成江西温室孵苗—广东快速培种—湖南池塘育成的完整产业链条。

第三节　产业升级对策

一、强化科技创新，推动养殖模式升级

加速中华鳖养殖技术由"资源依托型"向"科技依托型"转变，加大中华鳖良种繁育体系建设力度，进一步健全中华鳖良种养殖示范、推广机制，实现中华鳖良种养殖全覆盖，为中华鳖养殖业健康、快速发展奠定坚实基础。一是以中华鳖原良种场产业龙头企业为依托，加大科技投入，加强与科研院所采用联合协作攻关方式的合作，运用新育种技术对中华鳖进行良种选育、提纯与复壮，摸索中华鳖的遗传育种人工繁殖技术，培育出更具种质优势、稳定性更强的良种。二是开展中华鳖新品种选育及产业化关键技术集成示范与推广，建立中华鳖育种技术操作规程，尤其是以中华鳖日本品

系为代表的，规范中华鳖良种生产标准，提供品种优良的中华鳖苗种。三是开展中华鳖新品种良种良法养殖模式与技术研究。以质量安全为核心，研究建立池塘仿野生生态养殖、温室养殖、两段法养殖、三段生态可控养殖、虾鳖鱼混养、稻鳖共生等 6 种中华鳖养殖模式与技术规程。四是加强新型低碳饲料的研发。饲料是中华鳖养殖中的关键环节，不仅影响着中华鳖的品质，还决定养殖成本。目前中华鳖饲料配方很多是高蛋白、高鱼粉、高淀粉、低脂肪和低纤维，在实际养殖生产过程中，中华鳖普遍营养过剩，生长虽快但体质弱，易诱发病害，成活率与品质明显下降。因此，研发低碳低鱼粉高效环保型中华鳖饲料对促进中华鳖养殖产业健康可持续发展具有重大意义。

二、完善追溯体系，确保质量安全

建立一套中华鳖 GAP 养殖管理规范以及繁殖育苗 HACCP 规程，形成一个专业的、系统的、规范的保证质量的中华鳖养殖管理体系。从养殖生产者的养殖环境、水质、种苗、饲料、防病治病、生产管理全方位监控，确保整个养殖流程管理规范化、标准化，既保障了中华鳖的产品质量，又节省了养殖成本，实现中华鳖的绿色无公害养殖。

建立中华鳖养殖全过程跟踪的可追溯体系。利用互联网、物联网等先进的 IT 技术，采用电子标签、二维码识别技术建立中华鳖质量安全可追溯系统；通过追溯系统，对中华鳖的养殖生产、病虫害防治和销售经营实施全过程跟踪，提升中华鳖养殖企业的核心竞争力。

三、实施品牌战略，创新营销模式

通过塑造中华鳖品牌，谋求中华鳖产业转型升级已经成为行业共识。打响中华鳖品牌，提高中华鳖产品的附加值和市场占有率，要以中华鳖质量安全为基石，创建中华鳖品牌，实现品牌立业，品牌兴业。一是加强中华鳖品牌建设和文化宣传，建立具有核心竞争优势的中华鳖品牌，增强市场竞争力。依靠有实力的龙头企业在资金、技术、信息、市场和经营管理上的优势，制定实施中华鳖品牌发展规划，建立中华鳖品牌基地，加快品牌发展。通过中华鳖名牌推介、评比、展示和展销等形式，不断加大中华鳖品牌宣传力度，扩大和提升品牌的知名度，将中华鳖品牌优势转化为市场优势。二是建立中华鳖产业联盟，打造行业品牌。依靠中华鳖养殖企业的强强联合，成立区域合作产业组织，建立中华鳖产业联盟，实行大集团小核算，大品牌带小品牌，大市场帮小生产者的区域互信合作，共同抵御市场风险，携手打造中国中华鳖品牌，以此引领和带动中华鳖产业的可持续发展。三是积极培育和扶持创新中华鳖营销平台，依靠其信誉优势、信息优势和商务电子载体平台，疏通产业的上下游，实现生产与市场的有效对接；以最短的物流通道、最快的物流速度、最快捷的方式输送至消费终端，让鲜活中华鳖产品以最新鲜、安全的状况呈现给广大消费者。四是创新中华鳖网络营销模式。积极参加各种农产品展销会、推介会、电子商务等，并通过广播、电视、报纸和网络媒体进行广告宣传，设立中华鳖超市、直销网点和连锁专卖店、电子商务平台等，拓宽市场营销渠道。网上中华鳖农贸市场因为有传统中华鳖农贸市场的门店展示、营销策略、销售渠道、迅捷物流等做后盾，网上中华鳖农贸市场不失为一种成功的模式。网上中华鳖连锁店或专卖店由于具有连锁经营、专品专卖、统一产品、统一价格、统一服务等"标准化"的特点，加上完善的物流配送优势，成为最容易移植到网上的传统模式。

四、发展精深加工业，提高产品附加值

目前，国内各地应用现代生物科技手段，相继开发了中华鳖罐头、红烧甲鱼、高钙甲鱼丸、高钙甲鱼香肠、即时方便甲鱼、鳖血丹、甲鱼油软胶囊、甲鱼多肽、甲鱼肽蛋白粉、纯甲鱼粉、甲鱼胶囊、甲鱼胶原钙、甲鱼酒、甲鱼多肽护肤品等甲鱼深加工产品。但总的来看，我国的甲鱼精深加工产品仍在起步阶段，尚未形成区域性大品牌。要加大甲鱼精深加工产品的"产学研"合作研制和开发，增加甲鱼产品的附加值，拉长甲鱼的产业链，从而提升甲鱼产业的整体效益。"养""加"并重，改变我国98％甲鱼产品依赖活体销售的局面。

中华鳖产业的发展出路之一在于精深加工，逐步实现美味食品到大众食品，从高档食品到保健食品甚至医药品的转变，拉长中华鳖产业链，提高中华鳖使用价值。日本、韩国等国家中华鳖加工技术先进，利用现代工艺加工制成鳖血肝胆粒、鳖油E、鳖蜂蜜、鳖紫菜、春帝宝-1、甲鱼双宝、甲鱼精-P、状元帝宝等方便实用、包装精美的深加工产品，在日本、东南亚及欧美市场十分畅销。其经营理念与模式值得国内同行借鉴。

五、挖掘中华鳖文化，打造休闲品牌

利用中华鳖养殖场所，开办中华鳖文化博物馆，创办龟鳖文化游、观光垂钓、体验游、中华鳖养殖休闲文化景观、中华鳖饮食文化体验、中华鳖精品园区旅游创意产业。打造"中华鳖生态旅游"品牌，延伸中华鳖产业链。利用中华鳖养殖的水体资源、中华鳖养殖场的公共设施、中华鳖产品，结合生产环境、风俗、人文环境而规划设计相关主题活动和休闲空间，打造集休闲、娱乐、养生、健身为一体的生态旅游景区。发展鳖甲创意文化、中华鳖书画摄影、鳖雕刻彩绘技艺、中华鳖风俗文化、中华鳖景观与视觉艺术、中华鳖工艺与时尚文化、中华鳖纪念品和礼品文化等中华鳖创意产业。研发中华鳖美食文化创意产业，举办中华鳖美食文化节，与餐饮企业、宾馆签订合作协议，开办中华鳖主题餐馆，研发中华鳖美食的特色产品等。

第二章　中华鳖生物学习性与苗种繁育

第一节　中华鳖形态特征

中华鳖又叫甲鱼、团鱼、水鱼、王八等，《本草纲目》誉之为"神守"。它生活在淡水水域，用肺呼吸，陆地产卵，四肢爬行，为水陆两栖的卵生爬行动物，在中国，除青海、西藏、新疆和宁夏等地未见报道外，其他区域均有分布，湖南是盛产中华鳖的省份。

中华鳖营养价值、药用价值和经济价值均较高。因鳖肉中含有丰富的蛋白质、赖氨酸、谷氨酸、EPA、DHA、微量元素，且味道鲜美而深受中国、日本、东南亚人们的喜爱。中华鳖的肉、甲、卵、血、胆等均可入药，具有滋阴补阳、平肝熄风、散结消瘀等作用，可治疗阴虚发热、小儿惊痫、骨蒸劳热等疾病。中华鳖是我国鳖养殖品种中最常见的品种，具有种质纯、生长速度快和抗病能力强等特点，因此市场前景好，经济效益显著，深受广大养殖户的青睐。

一、中华鳖外部形态

中华鳖的外部形态特征为：体形呈椭圆形，躯体扁平，背部和腹部均有骨质硬甲，鳖体周围有胶质裙边；背部略高，背面通常呈暗绿色或暗褐色，部分有花斑，表皮上有突起小疣粒和隆起纵纹（图 2-1）；腹面灰白色或黄白色（图 2-2）。中华鳖从外形上分为头部、颈部、躯干、四肢和尾部五个部分，头颈部、四肢和尾部伸展于躯干的硬甲之外，但在防御敌害或受到惊吓时，头颈部和四肢通常缩于硬甲之内。中华鳖的头部前端背观略呈三角形（图 2-3），中央微凹，两侧稍隆起，吻端延长成管状，形成鼻孔；口大，口裂向后延伸至眼睛后缘，上下颌无齿，但有锋利的角质鞘；眼睛较小，瞳孔呈圆形，具眼睑和瞬膜，开闭自如；颈部粗长，呈圆筒状，可灵活转动，并呈"S"形伸缩壳内。躯干部由背甲和腹甲硬壳通过侧面韧带连接，形成一个硬壳保护腔，背甲呈卵圆形，稍弓起，外部被覆一层柔软革质皮肤，中央线有微凹沟，两侧稍微隆起，且有突起纵纹和小疣粒，边缘由发达的结缔组织即裙边围成一圈，越往后越宽；腹甲小于背甲，不完整，但较平坦。四肢短粗，扁平有力，五趾型，有爪，前后肢内侧三趾有外露的锋利硬爪，趾间有蹼膜，厚而发达，后肢较前肢粗长，指间和趾间的蹼膜及三指带爪，有利于中华鳖在陆地上爬行和在水中游泳；在抓到食物时，其利爪可以将大块食物撕碎，以便于咬碎吞咽，从而适应水陆两栖生活。尾部呈锥形，短而粗，腹面有纵裂形泄殖孔，雄性成鳖尾部粗硬而长，且伸出裙边之外，雌性成鳖松软而短，不露或微露出裙边。

图 2-1　中华鳖背面图

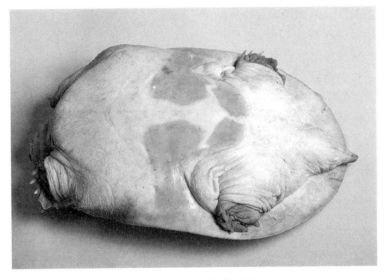

图 2 - 2　中华鳖腹面图

图 2 - 3　中华鳖头部图

二、中华鳖内部结构

中华鳖具有完善、特有的内部结构和系统，包括骨骼系统、肌肉系统、呼吸系统、循环系统、消化系统、排泄系统、神经系统、感觉器官和生殖系统等9大系统。

（一）骨骼系统和肌肉系统

中华鳖的骨骼系统是构成中华鳖身体的基本轮廓，具有运动、支持和保护身体的作用，由外骨骼和内骨骼组成。鳖的外骨骼由背、腹两个甲板组成，其中背甲25块，腹甲9块。中华鳖25块背甲具体组成如下：1块颈骨板、8块胸椎和8对肋骨板（个别鳖具有9对肋骨板）（图2-4），这25块骨板相接处形成锯齿状相互契合而形成中华鳖防护整体。腹甲由1块内板和4对排列整齐的上板、舌板、下板

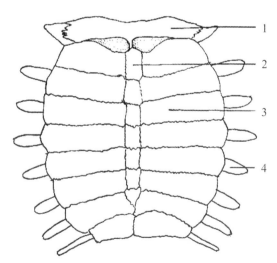

1.颈骨板　2.胸椎　3.肋骨板　4.肋骨

图2-4　中华鳖背甲图

（文献来源于沈卉君，1981）

和剑板组成。内骨骼分为主轴骨和四肢骨两个部分。主轴骨由头颅骨、脊柱、胸椎和肋骨构成。头颅骨由盖骨、额骨、颌骨、枕骨、犁骨、颌蝶骨构成；脊柱包括32～34个脊椎骨，脊椎明显地分为颈椎、躯椎、骶椎和尾椎4段。四肢骨共17块，其肢带与肋骨的内侧连接。四肢骨由带骨和肢骨组成，带骨又由肩带骨和腰带骨组成。肩带骨又包括乌喙骨、锁骨和肩胛骨；腰带骨包括髋骨、坐骨和耻骨。肢骨由前肢和后肢组成，前肢包括肱骨、桡骨、尺骨、腕骨、掌骨、指骨，后肢由股骨、胫骨、腓骨、跗骨、趾骨组成。

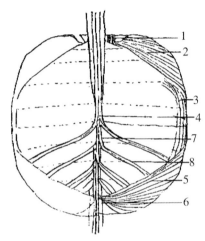

1. 背甲颈皮肌　2. 背甲肩胛骨肌　3. 背甲乌喙肌　4. 颈长肌
5. 背甲髂骨肌　6. 背甲尾肌　7. 内颈长肌　8. 外颈长肌

图 2-5　中华鳖背甲肌肉图
（文献来源于沈卉君，1982）

中华鳖的肌肉系统是中华鳖实现运动功能的动力部分，有150多束肌肉，由体肌和脏肌组成。体肌主要集中在颈部、肩带和腰带的两侧、前肢骨和后肢骨的周围。中华鳖在水中游泳及陆地爬行时，主要依靠附肢，故分布在肩带、前肢和腰带，后肢的肌肉特别发达、粗壮而有力。许多肌肉起于背甲、腹甲，止于各有关骨骼以牵引头、颈、四肢及尾部，起于背甲内的肌肉有背甲颈皮肌、背甲肩胛骨肌、背甲乌喙肌、颈长肌、背甲髂骨肌、背甲尾肌、内颈长肌、外颈长肌，附着于肩带和前肢（图2-5）；起于腹甲内的肌肉有腹甲耻骨肌、臀大肌、臀小肌、壳髂肌、背甲髂骨肌、尾跗骨肌等，附着于腰带和后肢。其中背甲肩胛骨肌、背甲髂骨肌、背甲乌喙肌、尾跗骨肌是中华鳖特有的肌肉，未见于其他动物。此外还有牵引颈部的背甲颈椎肌、背甲颈皮肌，牵引尾部的背甲尾肌。至于颈长肌更是特别长，从尾端及背甲肋骨板内表面起一直伸展到头部止于基枕骨，是牵引头部的长肌。

（二）呼吸系统和循环系统

中华鳖是爬行动物，靠肺呼吸。因此，中华鳖的呼吸系统比较发达，由呼吸道和肺两个部分组成。呼吸道包括外鼻孔、鼻腔、内鼻孔、咽喉头、气管和支气管，外鼻孔、鼻腔、内鼻孔是空气通入喉头、气管的孔道。气管和支气管都较长，有喉头软骨而无声带，咽部有筛状辅助呼吸器官；肺脏很发达，分为左右两大叶，呈浅黑色长形的薄膜囊，紧贴于背甲的内侧，前端从肩胛骨处起，后端一直延展到髂骨处；肺的腹面覆盖着腹膜，腹膜内有疏松、蜂窝状的肺组织，被膈膜隔成无数细致的小室。

中华鳖的循环系统是不完全的双循环系统，包括心脏、动脉、静脉、淋巴腔管和血窦。心脏较小，由两心房和一心室组成，静脉窦被包在右心房内，动脉圆锥已退化。心室内有带孔膈膜，所以动静脉血液实现部分分化，但不能完全分开。从心室通出肺动脉、左大动脉弓和右大动脉弓。在静脉系方面，肺静脉进入左心房，一对前大静脉、一根后大静脉和一根左肝静脉通过静脉窦进入右心房。

（三）消化系统和排泄系统

1. 结构特征

中华鳖的消化系统具有摄取、转运、消化食物和吸收营养、排泄废物的功能，由消化管和消化腺组成。其中，消化管包括口、口腔、咽喉、消化道（食管、胃、小肠、大肠）、泄殖腔和泄殖孔等。口位于头部腹面，上下颌无齿，边缘有坚硬的角质鞘，口腔中有舌头，呈三角形，舌上有倒生的锥形小突起；消化道中部稍膨大，没有明显的胃，其消化道总长不超过背甲长的 3～4 倍，消化道下端连接泄殖腔，泄殖腔开口于泄殖孔。消化腺包括肝脏、胰脏和胆囊。肝脏较大，分成左右两个，右叶肥厚，左叶又分为三小叶；胆囊较大，位于右肝叶的下方；胰脏位于胆囊下方，为浅红色，呈条形。

中华鳖的排泄系统由肾脏、输尿管、膀胱组成。尿从肾脏通过输尿管到膀胱聚集，由泄殖腔排出。肾脏 1 对，呈叶状，红褐色，位于鳖的体腔背壁紧靠肺部后端；肾脏下面是白色输尿管，尿道腹壁有膀胱，膀胱两侧有一对副膀胱。

2. 消化生理

自然条件下，中华鳖喜欢摄食鱼虾、水生动物、蚯蚓、动物尸体等动物性饵料，也能少量摄食水草、瓜菜、谷类等植物性饵料。鳖的耐饥能力很强，可以连续几天不进食，但其生长会受到影响。中华鳖消化酶中，淀粉酶（主要是胰淀粉酶）分布在前肠；蛋白酶中的胃蛋白酶和胰蛋白酶在胃中开始消化，但肠蛋白酶和胰蛋白酶在肠道中主要起消化作用；脂肪酶则主要在肠道中完成消化。中华鳖消化酶分泌器官最大的是胰脏，其次是胃和肠道。中华鳖的胃蛋白酶活力最强，对蛋白质的消化能力也强，因而，中华鳖摄食特点偏肉食性。

（四）神经系统和感觉器官

中华鳖的神经系统是中华鳖机体内对生理功能活动起主导调节

作用的系统。中华鳖的神经系统还处于较低级的水平，主要由神经组织组成，分为中枢神经系统和周围神经系统两大部分。中枢神经系统又包括脑和脊髓，周围神经系统包括脑神经和脊神经。中华鳖的脑较小，由嗅叶、大脑半球、间脑、中脑、小脑半球和延脑6个部分构成，其大脑半球很大，由灰质层和白质层构成；小脑较发达，调节运动能力较强；脊髓的灰质面积较大，灰白质界限明显。脑神经与其他爬行动物一样，也由12对神经构成。

中华鳖的感觉器官包括嗅觉、听觉和视觉三部分。其中，嗅觉较发达且具有探测化学气味的功能；听觉包括内耳和中耳，但反应迟钝；视觉可借助改变水晶体位置和形状来调节，眼睛的角膜晶状体凸且圆，睫状肌发达，可以很好地调节晶状体的弧度，故中华鳖的视野广阔，但清晰度较差。

（五）生殖系统

生殖系统具有完成中华鳖生殖和种族繁衍的作用，中华鳖属于雌雄异体，体内受精。因此，其生殖系统分为雌性生殖系统和雄性生殖系统。其中，雌性生殖系统由一对卵巢和输卵管组成，雄性生殖系统由精巢（睾丸）、副睾、输精管和交配器组成（图2-6）。

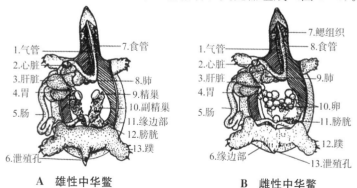

A　雄性中华鳖　　　　　　　B　雌性中华鳖

图2-6　中华鳖内部构造图

（文献来源于黄永涛，1999）

第二节　中华鳖生物学特性

一、生活习性

中华鳖是生活在水中的两栖、爬行和变温动物，中华鳖对外界温度非常敏感，其生活规律随着外界温度的变化而变化，对水温要求较高。体温与环境温度差异不超过 0.5～1 ℃，其适宜生长温度为 25～35 ℃，而最佳生长温度为 28～30 ℃。当水温高于 35 ℃时，则出现摄食减弱和夏眠现象。当水温低于 15 ℃，则停止摄食，低于 12 ℃时开始潜伏泥沙中，低于 10 ℃以下时，开始进入冬眠状态。

中华鳖具有喜静怕惊、喜阳怕风、喜洁怕脏和喜温怕凉的特点，常栖息于环境安静的沙泥底质或淤泥底质的各种水域环境，在光线很强时，喜欢爬到露出水面的地方晒背，以起到取暖杀菌洁肤的作用。中华鳖生性胆怯机灵，稍有惊动便迅速潜入水中，尤其对水质要求较高，水体不干净时易引起中华鳖各种疾病的发生。同时中华鳖还很好斗，食物缺乏时会有大鳖吃小鳖、强鳖吃弱鳖的现象发生。

二、生长习性

中华鳖生长阶段分为稚鳖、幼鳖、成鳖三个阶段，养殖户一般会将品质较好的成鳖培育成亲鳖。在自然条件下，鳖的生长速度很慢。在我国南方，鳖体重达 500 g 左右需要 4～5 年，在人工控温饲养条件下饲养 14～16 个月，体重便可达到 500 g 以上（图 2-7）。鳖的生长速度与发育阶段和性别也有关。一般来讲，鳖在性成熟之前生长速度较快。尤其是在 250～400 g 生长速度最快。性成熟以后生长速度减慢。在未达到性成熟之前,雌鳖的生长速度快于雄鳖;性成熟以后,雄鳖的生长速度远远快于雌鳖。中华鳖的寿命可达 60 龄以上。

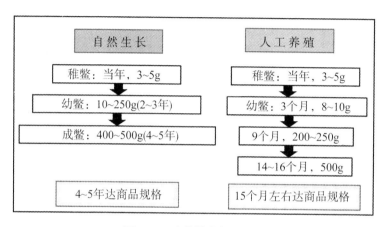

图 2-7 中华鳖生长流程图

三、摄食习性

中华鳖食性广,以动物性饵料为主,如昆虫、小鱼、虾、螺、蚯蚓、动物内脏、肉类等动物性原料,同时也食少量浮萍、瓜果、蔬菜、谷类等植物性原料。人工配合饲料要求以营养全面、易消化的动物性蛋白为主。不同生长期,不同的生活环境,中华鳖食性有所差异。

稚鳖阶段:一般是指体重 50 g 以下的中华鳖,刚孵出 1~3 天的稚鳖以卵黄为营养,称为内源性营养阶段;5 天后,开始进入外源性营养阶段,主要摄食外界食物,主食大型浮游动物、虾幼体、鱼苗、水生昆虫、鲜嫩水草、蔬菜。稚鳖配合饲料最佳蛋白质含量要求 50% 为宜。

幼鳖阶段:一般是指体重 50~250 g 的中华鳖,喜食动物性饵料，如螺、蚌、鱼、虾、蚯蚓等，但最好搭配配合饲料投喂，且饲料要求精细、嫩软，营养全面易消化。幼鳖配合饲料最佳蛋白质含量要求 48% 为宜。

成鳖阶段：一般指体重 250 g 以上的中华鳖，也喜食动物性饵料，可辅以畜禽下脚料、瓜果等，并搭配配合饲料投喂，其配合饲料最佳蛋白质含量 45% 为宜。

亲鳖阶段：一般指体重 800 g 以上的鳖，其食性与成鳖相似，可以配合饲料为主，亲鳖配合饲料最佳蛋白质含量 46% 为宜。

四、繁殖习性

中华鳖的性成熟年龄为 4～5 龄，中华鳖为卵生动物。繁殖季节时，将卵产在潮湿温暖的陆地卵穴里。每年可以产卵 2～3 次或者 4～5 次，通常于 4～5 月水中交配，待 20 天后产卵，5～8 月产卵。首次产卵仅 4～6 枚。体重在 500 g 左右的雌鳖可产卵 24～30 枚。5 龄以上雌鳖一年可产卵 50～100 枚。卵的孵化温度以 22～

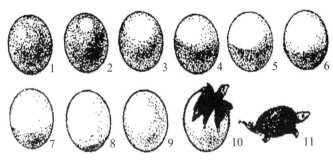

1. 刚产出的受精卵　2. 产出 8～24 小时的受精卵　3～4. 产出 3～5 天的受精卵
5. 产出 15 天的受精卵　6. 产出 30 天的受精卵　7. 产出 45 天的受精卵
8～9. 产出 50 天的受精卵　10. 已破壳的卵　11. 刚出壳的稚鳖

图 2-8　胚胎发育过程

（文献来源于柯福恩，1996）

36 ℃为宜，其最适温度为 30～32 ℃。鳖卵孵化成稚鳖大概需要 3.6 万摄氏度积温。因此 22～26 ℃条件下，胚胎发育时间为 60～70 天；33～34 ℃条件下，需要 37～43 天；30 ℃恒温条件下，需要 40～50 天（图 2-8）。稚鳖破壳出来后，1～3 天脐带脱落入水生活。卵及稚鳖常受蚊、鼠、蛇、虫等的侵害，产卵点一般环境安静、干燥向阳、土质松软。研究观察，根据产卵点距离水面的高度可准确判断当年的降雨量。

第三节 人工繁殖技术

一、亲鳖池的构建

（一）亲鳖池选址

亲鳖池要求建在水源充足、水质良好、排灌方便、不受旱涝影响、背风向阳、环境安静、交通方便、电源供应充足的地方。质量符合《地表水环境质量标准》（GB 3838）Ⅲ类水质和《渔业水质标准》（GB 11607）要求。水源水包括江河、溪流、湖泊、地下水等，水质要求清新，无异味，无有毒有害物质，符合《无公害食品 淡水养殖用水水质》（NY 5051）要求。建池的土质以黏壤土为好，砂壤土次之，池底土质条件符合《农产品安全质量 无公害水产品产地环境要求》（GB/T 18407.4）。

（二）亲鳖池配置

为满足中华鳖不同生长发育阶段对环境的要求，养殖场通常会配套相应的稚鳖池、幼鳖池、成鳖池和亲鳖池。通常稚幼鳖池、成鳖池和亲鳖池的比例为 1∶5∶1.5。

1. 亲鳖池结构与规格

亲鳖池常位于室外僻静的地方，主要供亲鳖培育和产卵繁殖用，由池身、晒台、休息场、产卵场和防逃墙组成（图 2-9）。中华鳖养殖池按其结构分为砖砌水泥池和土池两种。其中，砖砌水泥池主要用于稚、幼鳖的暂养，而土池则适用于成鳖和亲鳖的养殖。亲鳖池的规格一般为长方形，东西走向，且长宽比为 2∶1 或 5∶3，面积在 1000～2000 m²，池深 2.0～2.5 m，水深 1.5～2.0 m，池底沙厚为 20～30 cm，防逃墙高为 40～50 cm，空地宽以 1.0～1.5 cm 为宜，内配套食台、晒台、产卵场，安装好进出水设施。

　　2. 配套设施建设

　　①防逃墙。墙体用砖块、石块或其他材料做成，墙体与池面垂直，表面用水泥抹平，墙基埋入土中 0.3 m，墙体高出正常水位 40～50 cm，顶部做成"丁"字形，向池塘内伸檐 8～10 cm。

　　②食台。用长 3 m、宽 1～2 m 的水泥预制板（或竹板、木板）斜置于池边，板长一边入水下 10～15 cm，另一边露出水面，坡度约为 15°。食台高度与溢水口在同一水平线上，食台外侧设一高度为 1 cm 的挡料坝，防止饵料滑入水中。食台数量根据养殖水面和鳖的放养量来确定。

　　③晒台。用毛竹、木板等材料搭成拱形台面，浮出水面，面积大小视养殖水面和亲鳖放养数量而定，或用长 2～3 m、宽 1～2 m 的竹板或聚乙烯板斜置于池边水面，或在鳖池向阳面做成与池边等长、宽约 1 m 的长方形斜坡。

　　④产卵场。产卵场宜建在背风向阳、地势较高、地面略倾斜（不积水）的池岸上，北面紧靠防逃墙（图 2-9）。产卵场多为长方形，高出水面 50～70 cm，内铺粒径 0.5～0.6 mm 的沙粒，厚度约 30 cm，上方搭建遮雨棚。

　　⑤进、排水系统。进、排水系统由水源、水泵房、进水口、各类渠道、水闸、集水池、分水口、排水沟等组成。进水口常高出水面，可自动增加水体溶氧，进、排水口常对角设置。排水口以排干底层水为宜，位置相对较低。进、排水口都装有拦网，防止养殖鳖逃逸，同时进水口的拦网可以阻拦杂草、杂物、敌害生物和野杂鱼

进入。进、排水系统严格分开，以防自身污染。进水沟可拉长，让水进行曝气、曝光、消毒、增氧。出水沟应集中，线路宜短，养殖废水集中消毒杀菌再排放。

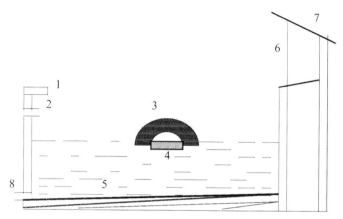

1. 防逃墙　2. 溢水口　3. 晒台　4. 食台
5. 泥沙层　6. 产卵场　7. 遮雨棚　8. 出水口

图 2-9　亲鳖池塘构建示意图

⑥增氧设备。常温型水体通常选择充气式增氧机，设备简单，性能可靠，机动性好，噪声比较小，工作时不但能加速水体对流，增加水体溶解氧，而且排出水体有毒有害气体。加温型水体通常选择微型叶轮式增氧机，利用叶轮的转动，增加了水体溶解氧，也混匀了水体的温度。

二、中华鳖人工繁育

（一）亲鳖的选择

亲鳖是指能繁殖种苗的雌雄种鳖，是中华鳖人工繁殖的基础，正确选出优良亲鳖对中华鳖繁殖非常重要。

1. 亲鳖选择时间

　　根据当地的气候条件和中华鳖生活习性，合理确定采购亲鳖的时间，一般选择4月底或5月初中华鳖苏醒后的一段时间，这时亲鳖容易适应新环境，经过短期培训后可以正常产卵；或者选在9～10月，气温适宜，中华鳖还未进入冬眠前，经过强化培育、补充营养和能量后，增强其体质以提高繁殖力，正常过冬后即可产卵。

　　2. 亲鳖来源

　　亲鳖来源于自然水域生长的野生鳖或长期驯养适应人工养殖生态环境的养殖鳖，亲鳖个体要求为爪较尖锐、体色发绿、个体健康；若亲鳖为养殖鳖，则需每隔3～4年更换一批。养殖场尽量自留鳖亲本，避免引种时带入病原体，或引入受伤的亲鳖，导致病原体继发性感染。如需购买亲本，选择就近购买检验检疫合格的亲鳖。

　　3. 雌雄鉴别

　　选择亲鳖，必须准确辨别亲鳖的雌雄性别。中华鳖雌雄鉴定方法为：雌鳖背甲为较圆的椭圆形，中部较平，尾短而软，尾端不能自然伸出裙边外，裙边较宽；而雄鳖则与之相反，背甲为较长的椭圆形，中部隆起，尾较长而硬，尾端能自然伸出裙边外，裙边较窄（表2-1）。

表 2-1　中华鳖雌雄鉴别方法

编号	雌鳖（♀）	雄鳖（♂）
1	尾短，不能或很少自然伸出裙边外	尾长，能自然伸出裙边外的较多
2	背甲为较圆的椭圆形，中部较平	背甲为较狭后宽的长椭圆形，中部隆起

续表

编号	雌鳖（♀）	雄鳖（♂）
3	体形较厚，腹部为十字形，后肢间距较宽	体形较薄，腹部为曲玉形，后肢间距较窄
4	成熟个体体重比雄性小	成熟个体体重比雌性大得多，常为雌性的3倍左右

（二）亲鳖培育

亲鳖培育就是给亲鳖一个良好的生态环境，提供充足、优质的适口饵料，配以科学合理的日常管理，培育生产所需的优良亲鳖的过程。加强亲鳖培育能有效地提高中华鳖产卵量和孵化率，加大稚鳖的成活率。

1. 亲鳖池消毒

池体是亲鳖生活的主要场所，其水质的好坏，直接影响鳖体的性腺发育，因而改善池塘环境条件，是亲鳖强化培育的重要一步。

将池水排干，清除池底过多淤泥，保持厚度约 20 cm，晾晒 3～5 天，用浓度为 150 g/m² 石灰水全池泼洒，之后用铁耙翻动底泥一次，隔日注水至 1.5～2.0 m，10 天后可放养亲鳖。长期放养亲鳖的池塘，每隔 3～4 年就需清塘一次，清塘时间以 10 月中下旬为宜。平时也定期用生石灰化浆全池泼洒，以改良水质，预防疾病。每年需定期或不定期地修整池塘产卵场，加固防逃设施，检查进、排水道等，保证中华鳖生态环境的舒适与安逸。

2. 合理放养

亲鳖池塘中合理的雌雄比例和放养密度，可以避免亲鳖间因相互争食、争配偶、争活动空间而发生咬斗，还可以保持良好水环境，有利于亲鳖的发情、交配、产卵和生长。选择性腺成熟的 5 龄以上、体重 2～4 kg 的无病无伤、体质健壮、体色正常的中华鳖作为亲鳖，且雌雄放养比例为（4～5）∶1，放养密度为 300 kg/亩，个体大小悬殊的亲鳖应分池饲养。

亲鳖下塘前用浓度 15～20 mg/L 高锰酸钾药浴 15～20 分钟，或 3%食盐水浸泡 10 分钟，或用 30 mg/L 聚维酮碘（含有效碘1%）浸泡 15 分钟，然后将其放在斜坡上，让其自行爬入水中。忌动作粗鲁，单个扔丢入池。

3. 日常管理

加强亲鳖的日常管理有助于亲鳖的正常生长、发育和繁殖，提高亲鳖的怀卵量、孵化率，是亲鳖养殖生产过程中不可缺少的重要环节。

（1）投饵管理

① 饵料种类与质量

投喂不同饵料，亲鳖的开产期、产卵期、产卵次数、产卵数量及鳖卵大小等就有所不同。实际生产过程中，饲养亲鳖常投喂人工配合饲料，辅以动物性饲料，如鲜活的鱼、虾、蚌、螺、蚯蚓及屠宰场的下脚料等，植物性饲料，如新鲜水草、瓜果、蔬菜等，按一定比例配合而成。中华鳖是以肉食为主的杂食性动物，饵料质量对亲鳖产卵效果有明显的影响，投喂的配合饲料，其质量应符合《中华鳖配合饲料》（SC/T 1047）要求，饲料安全卫生指标应符合《饲料卫生标准》（GB 13078）和《无公害食品　渔用配合饲料安全限量》（NY 5072）的规定。

② 投饵方式

投喂亲鳖营养丰富、数量充足的高蛋白质饵料，让其吃好吃饱。投饵坚持"定时、定点、定质、定量"的四定原则。

定时：水温 15 ℃时，冬眠鳖开始苏醒，出来适当活动；水温18～20 ℃时，2 天投喂饵料一次；水温 20～25 ℃时，亲鳖摄食正常，1 天投喂一次；水温 25 ℃以上时，亲鳖摄食高峰期，每天按时投喂足量饵料，一天两次，上午为 9：00 前，下午为 4：00 后，一般上午投日投喂量的 40%，下午投日投喂量的 60%。

定点：采取水上投喂。将饵料投放在固定饵料台或斜坡上，贴近水面但不被水浸淹，有利于清除残饵、检查摄食情况，避免污染水质和饲料的浪费。

定质：投喂的饵料必须新鲜、无腐败变质，能满足中华鳖生长发育要求。尤其是高温季节的动物性饵料，必须现做现投，不投喂隔餐剩饵。

定量：机制配合饲料日投饵量（干重）为中华鳖体重的 1%～3%，鲜活饵料的投喂量为 5%～10%，甚至更大，以投饵后 1 小时吃完为宜。

（2）光照时间

强化培育亲鳖过程中，提供适宜的生态环境和营养丰富饵料的同时，适当延长光照时间，增加光照强度，能有效提高亲鳖的产卵量。

（3）水质管理

水质要求透明度 30 cm，溶解氧 4 mg/L 以上，水色保持淡绿色或茶褐色。生长高峰期间，亲鳖活动频繁，摄食量大，排泄物多，水质容易变坏，常需定期排出底层水，冲注新水，但换水量不超过 1/3。每月用 20～25 mg/L 的生石灰和 0.2～0.5 mg/L 的三氯异氰尿酸交替全池水消毒。3 月下旬到 4 月中旬，水温逐步回升到 20 ℃以上时，可适当降低池塘水位，提高池塘水温，提高中华鳖的体温。

（4）病害防治

每天定时或不定时地巡逻亲鳖池，观察亲鳖的日常活动情况和吃食状况，如有异常，马上着手调查分析原因，并有针对性采取相应措施；拌饵投喂口服疫苗或大蒜素，提高抵抗力，减少发病概率。

（5）管理日志

饲养员每天将亲鳖池的水质状况、中华鳖的吃食和活动情况等各项工作如实填写在工作日志上。

（三）人工繁殖

1. 产卵场设计

亲鳖产卵场须模拟自然环境，水泥亲鳖池，产卵场设计在北坡，沙盘略向池塘一侧倾斜；土池的产卵场设在四个斜坡及坡埂上，周围种植花草树木，保持环境安静、隐蔽，上设有遮阳棚，防止沙盘暴晒或沙土流失和板结。沙盘中的沙粒清洁、疏松，粒径0.6 mm 左右，无尖锐硬物，保持一定的湿度，有利于亲鳖挖穴产卵。沙层过干，无法挖穴产卵，雌鳖就会放弃产卵；沙层过湿，雌鳖也会放弃产卵，即使卵已产出，也会被沙层中过高的水分渗浸而变坏。检查沙层湿度的常用方法是用手捏成团，松开即散为标准。产卵期间，每天黄昏调整沙层湿度，及时扫平沙层。

2. 亲鳖的发情、交配与产卵

各个地区由于所处地理气候条件不同，饲料营养不同，亲鳖开产期也有早有晚。当水温上升到 20 ℃以上时，雌、雄亲鳖开始发情交配。亲鳖发情交配行为多见于晴朗的夜晚，一般在晚上 10 点以后至凌晨 3 点以前为发情交配盛期。如果亲鳖池所处位置非常安静，白天也可出现发情交配现象。交配前，雌、雄个体极度兴奋，在水中追逐嬉戏潜游，雄鳖迅速骑爬在雌鳖背上，通过交接器将精液输入雌鳖泄殖腔内，交配时间达 5～6 分钟。成熟卵泡脱离卵巢，经输卵管的伞部落入输卵管上端，精卵结合后，随输卵管的运动不断往下移，从而被蛋白质包上，裹上壳膜和硬性卵壳，继而排出体外。在生殖季节，亲鳖交配后 7～20 天后雌鳖开始产卵，排出的卵处于胚胎发育的囊胚阶段。

3. 产卵量

雌鳖的产卵量与体重、营养、气候、环境等各个方面密切相关。一般体重 1～2 kg 的雌鳖，成熟卵泡 50～70 个，产卵 2～3 次；体重 2 kg 以上的雌鳖，成熟卵泡 70～100 个，产卵 3～5 次。以植物性饵料为主的雌鳖，平均每年产卵 23.5 枚，卵重 4.1 g；以动物性饵料为主的雌鳖，平均每年产卵 41.5 枚，卵重 5.3 g。光照对雌鳖的产卵也有影响。增加光照强度和延长光照，各个年龄段雌鳖的产卵量明显增加，产卵期延长，卵重和受精率无影响。如遇天气突变，水温骤升骤降，产卵量明显下降，久雨后天晴，产卵量显著增加。

4. 集卵

中华鳖卵为端黄卵，刚出生时，卵黄位于蛋白中，尚未附于卵壳膜上，蛋白与蛋黄的重量比为 3∶7，无蛋白系带，无气室。产后一段时间，卵黄与原生质分开，原生质集中于动物极和卵周围，卵核偏移于动物极原生质集中所在部位，形成明显的动植物极。鳖卵为白色球形，外壳光洁、圆滑，卵子大小与母体年龄和体重密切相关。鳖卵壳较坚硬，具有极其微小的小孔，紧贴外壳内部有一层韧度较大的内膜，有效保护卵子水分蒸发和减少机械损伤。鳖卵在胚胎发育过程中具有羊膜，羊膜内有羊水，为胚胎发育提供了一个良好湿润的环境，有利于卵黄营养物质的吸收。受精鳖卵，动物极一端的外壳出现一圆形白色亮区，卵壳颜色鲜明，随着胚胎的逐步发育，白色亮区也逐渐扩大（图 2-10 中 4～6）。如果卵壳顶白色区若暗若明，或白色区域边缘不规则，又不继续扩大，则为未受精卵或次卵（图 2-10 中 1～3），一定要剔除。

在产卵季节，每天上午 8～10 点，巡查产卵场。如发现有新沙出现，并有鳖爬过的爪印，洞穴开口处比周围凸起，且凸起的沙上表面光滑，便可确定雌鳖产卵位置，这时可在此作标志，以便 8 小时以后收卵。过早集卵，会影响胚胎发育，大大降低孵化率。下午 4～6 点，天气不炎热时按标志依次挖窝取卵。挖洞时，用竹片轻轻拨去一层浮土，将卵轻轻取出，检查受精情况，然后将受精卵整齐地摆放在盛卵的专用木箱或塑料筐、盆等容器中，按动物极依次朝上摆放，卵间距 1 cm，进行人工孵化。收集鳖卵后，及时扫平沙层，调整沙层湿度。

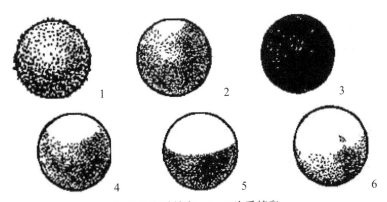

1～3 为未受精卵　4～6 为受精卵

图 2－10　鳖受精卵与未受精卵

收卵箱一般用松木板制作，四壁钻若干孔。无论采用何种材质的容器作收卵箱，底部都要铺上厚约 2 cm 的细沙或泡沫海绵，以免鳖卵在收集过程中滚动碰撞。最好用孵化箱代替收卵箱，直接进入孵化室，减少人为周转对鳖卵胚胎发育造成的影响。

5. 人工孵化

在自然条件下，由于天气变化异常，早晚温差大，外界环境温度、湿度难以稳定，再者天然敌害多，自然孵化率就很低。常用人工恒温孵化方法，维持整个孵化期间的温度，孵化时间为 45～50 天，减少自然敌害，提高孵化率。目前生产中用孵化箱和孵化房来进行高效人工孵化，提高鳖卵的出苗率。

（1）孵化房

孵化房的大小可根据生产规模而定，一般面积 15 m² 的孵化室即可满足年产 10 万只稚鳖养殖场的生产需要。为了增加孵化室的保温和可控性能，采用水泥预制板作屋顶隔热板，墙体填充保温材料。温度和湿度是影响孵化率的关键因子，所以孵化室内装有自动控温、控湿装置，使孵化室的温度和湿度保持在中华鳖卵孵化的适宜范围。孵化室内主要设施有孵化池、孵化盘（盆）和孵化架，加温通风设备，自动控温、控湿仪等。孵化池池深 20 cm 左右，瓷砖贴面，水深 10 cm 左右，排水口设防逃网。孵化架牢固，层数和层间距根据孵化盘或孵化箱的高度而定。孵化室的前后墙体安装换气扇，定时打开换气扇通风换气，促进室内空气流通，保证室内空气新鲜。

（2）孵化箱

孵化箱常用无盖食品塑料箱或木箱制作而成，箱壁四周钻上数个小孔，以便稚鳖爬出，用海绵、蛭石、细沙作孵化介质。孵化箱再按照鳖卵产出先后顺序，依次从下向上放于孵化架上，孵化架放于稚鳖收集池，稚鳖孵出后自动跳入池中。孵化箱容量小，温度、湿度便于调控，通风性能好，方便管理，劳动强度小，适用于较小规模的孵化。

（3）孵化条件

中华鳖卵在进行人工孵化时，应满足以下条件：

①温度　人工控制孵化温度在 33～36 ℃，孵化介质（海绵、蛭石、细沙等）温度为 30～32 ℃。

②湿度　在恒温箱或控温孵化房内进行人工孵化，空气湿度为 75%～85%。

③含水量　孵化介质的含水量控制在 6%～8%。

（4）孵化管理

中华鳖卵孵化期间的管理任务主要包括孵化室和孵化用具的消毒，孵化室的日常管理，如孵化室温度、湿度、孵化沙湿度的监控与调节，孵化室的通风、稚鳖的收集及敌害的预防等工作。

①孵化室及孵化用具的消毒

孵化室在使用前打扫干净，关闭门窗，用高锰酸钾和福尔马林进行熏蒸消毒 7 天，开窗通气，无刺激气味后方可使用。孵化盘、孵化架、孵化箱、捞海等用 20 mg/L 高锰酸钾溶液浸泡 1～2 小时。鳖卵孵化期间，每隔半个月可用紫外灯消毒 20～30 分钟。

②日常管理

鳖卵在孵化过程中，管理人员必须密切关注孵化室的温度、湿度、空气状况、孵化介质湿度及鳖卵的孵化情况，及时做好管理记录。

温度检查：孵化温度可以决定稚鳖的性别、影响孵化周期的长短和孵化率的高低，是鳖卵发育期间非常重要的影响因子，所以在房间和孵化介质中各放一支温度计，定时监测、记录温度。孵化介质温度尽量控制在 30～32 ℃，室温控制在 36 ℃。当室温达到 38 ℃，孵化介质温度超过 34 ℃时，应立即采取开窗换气、通风或遮阴等措施来降低温度。对于简易孵化室来讲，缺乏控温设备，温度变化对鳖卵的孵化影响更大，因为更加要注重温度的检查与调节。设备齐全的孵化室，需定期对仪器进行检查校准和维护。

湿度检查：包括检查空气相对湿度和孵化介质湿度，孵化介质湿度是鳖卵孵化率的一个重要影响因素，它不仅提供鳖卵孵化的湿度环境，为鳖卵发育供应水分，更重要的是可影响孵化介质的透气性，制约着鳖卵的孵化。中华鳖卵发育中抗低湿度（干燥）的能力较强，抗高湿度能力差，湿度高于 26% 时，孵化率为零。中华鳖卵发育所需适宜湿度为 5%～20%，最适宜的湿度为 6%～8%。空气相对湿度可以通过向地面和墙面洒水来调节，孵化介质湿度用喷雾器喷洒水来保持。

通风换气：鳖卵发育期间，胚胎同环境气体交换频繁，所以要经常开启通风设备，保持室内空气新鲜，同时还可起到调节室内温度的作用。一般选择晴天上午 9 点后打开通风设备，时间长短可根据室内温度变化情况而定。

防止敌害侵袭：鳖卵孵化过程中，主要的敌害有老鼠、蚂蚁、蛇等，发现鼠洞、蛇迹等异常现象时，马上采取措施来防止造成更大损失。在鳖卵孵化过程中，孵化房的门窗必须密封良好，防止敌害入侵。

记录日志：将放入孵化设施内的卵做好记录和标识，以便检查孵化情况和确定出苗日期。详细记录批次、数量、孵化日期、孵化率、孵化室内温度、室温等环境因子的变化情况，便于提高孵化技术和经济核算。

6. 收集稚鳖

根据不同批次鳖卵放入孵化室的时间记录，估计该批次鳖卵出壳的日期，及时做好收集稚鳖的准备工作。鳖卵的孵化时间长短取决于孵化累计积温，其所需总积温约为 36000 ℃，根据孵化平均温度计算鳖卵孵化天数，公式如下：

$$D = 36000 \text{℃} \div (T \times 24)$$

式中：D 为鳖卵孵化所需天数；T 为平均孵化温度，单位"℃"，根据孵化温度记录，求取每小时平均孵化温度；24 指每天24 小时。

根据上述方法可初步计算出稚鳖出壳时间，其具体出壳时间可通过卵壳颜色变化来确定，当卵壳由淡灰转为粉白色时，稚鳖即将出壳。由于稚鳖出壳时间多在环境安静的后半夜至凌晨，刚出壳的稚鳖又具有趋水性，出壳后会爬出孵化箱跌落入水中，钻入泥沙中栖息，故将快出壳的孵化箱、孵化盆等放在收集池的孵化架底层，等待稚鳖出壳后自动跳入水中。简易孵化沙池需要在四周沙平下方放有盛水的容器，稚鳖孵出后自动爬到水中。白天工作人员用纱网直接从收集池或盛水容器中收集稚鳖。

为了便于养殖管理，鳖卵孵化过程中人们常通过人为的诱导作用，让鳖卵同步出壳，保持出苗整齐。常用的方法有二：第一是将26～28 ℃的温开水倒入消毒过的塑料盆中，将到孵化日期的鳖卵放入盆中，5～10分钟后就会有大量的稚鳖破壳而出；第二是将到孵化日期的孵化盘或孵化箱直接放置到冷空气中或直接在鳖卵上喷水，刺激稚鳖集中出壳。上述两种方法仍不能出壳的鳖卵须立即吸干水，放回孵化室进行孵化。人工诱导出壳的稚鳖，腹部卵黄囊没有完全吸收，体质弱，运动性差，对环境变化很敏感，需温室内精心照料7天，待体质健壮后才能放入稚鳖池内养殖。

7. 性别控制

孵化温度对中华鳖卵的孵化率有明显影响，温度低于22 ℃或高于37 ℃，胚胎停止发育，甚至死亡，其正常发育温度为22～36 ℃，最适宜温度为29～33 ℃。在适宜的孵化温度范围内，鳖卵随着孵化温度的上升，胚胎发育速度加快，性腺分化的步伐相应加快，从而孵化周期缩短，反之，孵化周期延长。同时，孵化温度对孵出稚鳖性别比例也有较大影响。孵化温度为24 ℃，雌性率最高，雄性率最低；32 ℃条件下，雌性率最低，雄性率最高；在24～32 ℃范围内，随温度的升高，雄性率上升，雌性率降低，呈一定的线性关系；在孵化温度为（29±0.5）℃时，雌雄比例接近1∶1。

中华鳖卵胚胎发育时，雌雄性腺分化所需有效积温不同，雄性性腺分化期的有效积温约为3200 ℃·h，雌性性腺分化期所需有效积温高2800 ℃·h。当胚胎处于性别决定期，即温度敏感期时，不同的孵化温度，有着不同的有效积温，不同性腺分化的速度就有所不同，从而导致孵出稚鳖的雌雄比例不同。实际生产过程中，根据养殖需要，通过人为控制孵化条件，缩短孵化周期，提高孵化率，获得理想的雌雄性别比，提高养殖经济效益。例如在24 ℃雌性率达96.3%，孵化周期66～69天，自然出壳率为70%；若在33 ℃条件下孵化，当有效积温达7100 ℃·h时，转入24 ℃孵化，有效积温达13000 ℃·h时，再转入33 ℃孵化，结果雌性率88%，孵化周期46天，孵化率90%。

第四节　稚幼鳖培育

一、稚鳖培育

(一) 稚鳖池建造

稚鳖池大小根据养殖规模而定，一般 5～20 m^2 不等，池深 1.0 m，宽 1 m，长度自定，池底稍倾斜，池水 2～5 cm，进、排水方便，墙面及池底用水泥抹平，池内壁贴光滑的釉面砖以防其外逃，内置木板作饲料台。夏天天气炎热，太阳光照射强烈时，应将池水加深到 50～80 cm，水面移植一些浮萍或水葫芦，供稚鳖防晒遮阳、晒背、栖息。池水在放鳖前应用生石灰或强氯精进行消毒处理。放养密度为 50～100 只/m^2。

稚鳖池（图 2-11）是用于培育刚孵化稚鳖的池体，由于稚鳖体弱娇嫩，免疫力低，对外界环境的适应能力差，所以对稚鳖池的构建要求较高，最好建在具有良好保温效果，通风、防暑性好的地方，以室内为最佳。

稚鳖池需安静，背风向阳，面积不宜过大，一般面积为 10～15 m^2，长方形，长宽比为（1～1.5）∶1，东西走向，池深 1.2～1.5 m，水深 0.8～1.0 m。池底铺细沙 3～5 cm 厚，池底向出水口倾斜，在离出水口不远处设挡沙墙，高度与沙厚一致，出水口外接溢水导管。出水口上方设竹框架作食台（兼作晒台），宽 0.5 m，长度小于培育池宽度。在出水口的对面，池顶设进水口，以跌水式进水，进、出水口用网拦住，防止稚鳖逃跑。池底、池壁为水泥抹面，池壁内部预先砌入若干个圆钢弯制的控台钩，高度比池顶低 10 cm，便于盖棚，以挡风寒，有利于稚鳖过冬。池周设有 5 cm 宽的出檐，防逃。泥池转角做成圆弧形，转角半径应大于 5 cm。稚鳖池四周设网栏，防鼠、蛇、鸟等敌害生物侵入，防人偷盗（图

2-11)。

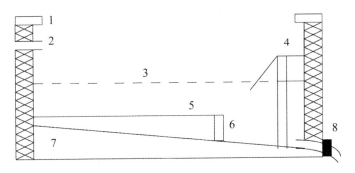

1. 防逃墙　2. 进水口　3. 水位　4. 食台（兼作晒台）
5. 沙层　6. 挡沙墙　7. 池底　8. 出水口

图 2-11　稚、幼鳖池塘构建示意图

（二）稚鳖暂养

刚出壳的稚鳖带有脐带和浆膜，甚至还有少量的卵黄，此时不能剪断这些胚胎附属物，而是让其自行断掉。工作人员每天将出壳池的稚鳖捞出，放入水盆中，洗净，然后用每 5 kg 水加维生素 C、维生素 B_{12} 各两支针剂的水溶液免疫浸泡 2 小时，再放入室内容器（盆、箱）中暂养 1 天。暂养用的容器中应先放 10 cm 厚的沙，2 cm 深的水，让稚鳖适应水环境，增加成活率。暂养 1 天后，放入孵化室外的稚鳖池塘集体暂养。

稚鳖放入池中第二天开始喂食，投喂营养全面、适口性好的开口饵料。开口饵料以鲜活鱼虫和丝蚯蚓最佳，可直接投入水中，投饵量为稚鳖体重的 15%，每天投喂 2 次。人工饵料以熟蛋黄、稚鳖专用配合饲料为好。熟蛋黄掰碎后放在浮于水面的饵料台上紧贴水面处，每 100 只稚鳖一次喂一个蛋黄，上午、下午各投喂一次。配合饲料，做成面团状，常加些肉糜、鱼糜投喂，投饵量约为稚鳖体重的 10%。无论投喂哪种饵料，均以稚鳖在 3 小时内吃完为准。

经过半个月到一个月的暂养，3～4 g 的稚鳖体重可达到 6～7 g，体色由土灰色逐渐变深，身体饱满，体质强壮，暂养阶段结束，转入正常的稚鳖饲养阶段。

（三）稚鳖放养

1. 放养前的准备工作

刚孵化出壳的稚鳖，身体嫩弱，活动能力、觅食能力、抗病能力及对不良环境的适应能力都差。因此，无论是新建的还是已经用过的池塘，在放养稚鳖前都要做好一切准备工作，为稚鳖生长创造一个良好的外部环境，以确保稚鳖养殖生产的正常进行。

（1）消毒工作

新建鳖池，检查施工残留杂物，以及池塘、池壁的光滑度，注水浸泡 6～7 天，排干，铺一层经太阳光曝晒过的新沙，注水；旧鳖池，先将旧沙换成曝晒过的新沙，用 150～200 mg/L 生石灰水或 10 mg/L 漂白粉溶液浸泡消毒 30 分钟，用清水反复冲洗干净后注水 20～30 cm，7 天后试水放养稚鳖。室内、排水沟需用生石灰喷雾消毒。

（2）设备检修

检修内容主要包括增氧系统、进排水系统、电源电路系统，池底渗漏，棚架和窗户的稳定及密封性能等，全部检修好，试运行正常后，方可放养稚鳖。

（3）肥水

池塘清理消毒 7 天后，水温 16～25 ℃时，连续 7 天泼洒少量豆浆进行肥水，培养大量红虫、蚯蚓等鲜活饵料，其营养丰富，又不污染水质，可作为稚鳖初期饵料。如果水体活饵料数量过多时，可用浮游动物网捞取，置冰箱保存，为日后在饲料中适量添加。

（4）水生植物

移植的水生植物用 5～10 mg/L 漂白粉溶液或 20 mg/L 高锰酸钾溶液消毒后放入池内，数量不超过池塘水面的 1/3，为稚鳖提供保护、遮阴、晒背场所。

2. 放养密度

常温饲养是指在天然条件下进行养殖，稚鳖生长缓慢，生长期短，养殖周期长，成活率低，放养的密度不宜过大。3～5 g / 只的稚鳖，放养密度为 60～80 只 /m²；5～10 g/ 只的稚鳖，放养密度为 40～50 只 /m²；10～50 g/ 只的稚鳖，放养密度为 20～25 只 /m²。

温室养殖，放养密度可增加，并随着个体的不断长大，饲养密度由高到低逐步进行调整。再者，由于各地养殖技术水平、养殖设施和水质等各方面的不同，养殖的密度也不尽相同。

3. 稚鳖放养

稚鳖放养前，严格挑选规格大小一致，有活力，外观无病灶、无伤残的中华鳖，放于用稚鳖放养池水调配成 20 mg/L 高锰酸钾溶液或 3% 食盐水溶液中药浴 20 分钟，防止病原体的带入。消毒后的稚鳖，连盆带到池塘边，放在食台上，让其自行爬入水中。稚鳖放养时应特别注意水温温差不宜超过 2～3 ℃。

（四）日常管理

1. 稚鳖投饵与管理

适宜水温条件下，稚鳖摄食旺盛，生长快，对饵料的要求也很高，常以配合饵料为主，鲜活饵料为辅。在投喂配合饲料的过程中，可适当添加 3%～5% 的植物油，添加量随水温的上升而增加。有些养殖者用全脂奶粉替代饲料中的油脂，养殖效果很好。

将鲜活动物饵料、新鲜蔬菜等绞碎后混合配合饲料，捏成饼状，贴水放在食台上。刚投喂的前 3～5 天，可将饼状饲料的 1/3 浸在水下，其后，饲料逐渐向水面上移动，7 天后，饲料全部贴水面以上（离水面 1～2 cm 处），让稚鳖露出水面吃食。投喂时要做到"定质、定量、定点、定时"。定质，饵料要求细、软、香、不变质、适口性好、有黏度等；定量，根据稚鳖的生长、吃食、天气等情况，及时调整投饵量，投饵量一般为体重的 2%～5%，原则上以投喂饲料在 1～2 小时吃完为宜；定点，为了防止饵料散失和浪费，减少水质污染，方便检查稚鳖的吃食，水上投喂的饵料必须放于固定位置；定时，每天固定时间投喂，每天投喂 3 次，早、中、晚各一次。投喂次数根据气候及中华鳖的吃食情况确定。

2. 水质管理

（1）水温　常温饲养，主要在盛夏季节或寒冬来临时，适时增加水深，防止水温急剧上升或降低。温室饲养，保持水温在（30±1）℃，室温 33～35 ℃，饲养管理员随时检测水温、室温变化，及时调节。调节水温时，变化幅度不宜过大，每天以 2～3 ℃变幅为宜，不宜超过 5 ℃。

（2）水位　一般稚鳖池水深保持 30～80 cm，水体积小，水体缓冲能力低，残饵和排泄物容易变质而污染水体，因此密切关注水位，及时调节水质。

（3）水质调节　定期换水是改善水质的主要途径，通过换水，保持水质肥而不臭。在饲养后期，因个体和密度增大，每周换水 2～3 次；定期用 20 mg/L 生石灰水和 0.3～0.5 mg/L 三氯异氰尿酸溶液交替泼洒，进行水体消毒和保持水体 pH 7.4～8.2。温室水体，适当增加光照，促使藻类繁衍，加速有机物的分解，增加水中溶解氧。稚鳖池内种植一些水生植物，如水葫芦、浮萍，进行光合作用，增加水体溶解氧，加速有毒物质的分解，还可提供栖息、遮阴和晒背场所。

养殖水体投放适量光合细菌、硝化细菌或 EM 菌等有益微生物制剂，加速有毒有害物质的降解，调节水体生态结构，维持水质稳定，促进中华鳖生长。

3. 稚鳖分级饲养

稚鳖放养初期，个体小，密度大。放养一段时间后，由于个体之间体质、摄食等方面的不同，出现个体差异，导致规格不齐，彼此撕咬，发生外伤，甚至感染疾病。因此按规格大小进行分池饲养，及时调节放养密度。稚鳖分池前停食 1 天。常温养殖的稚鳖，生长期不长，当年不需分池。温室养殖的稚鳖，视个体差异和生长情况，定期进行分池。分养时放干池水，冲洗池底污泥，翻起细沙，小心地将鳖捕起，迅速放入盛有清水的盆中，洗掉污泥，进行鳖体消毒，然后按大小、密度不同放入分养池。

分池意味着环境的改变，容易使中华鳖产生应激反应，引起撕咬、停食等情况，因而在生产上先将原池上层水注入新的分养池内，再加注新水，或者同一池的鳖在同一池塘进行隔开放养，保持环境的一致性。

4. 病害预防

日常管理过程中，工作人员需小心操作，严防人为因素弄伤鳖体而引发疾病。同时按照《中华鳖池塘养殖技术规范》 （SC/T 1010）的相关技术操作进行生物预防和药物预防，减少疾病发生率。

5. 日志填写

每天按时巡塘，发现问题，及时解决，如实填写日志。首先观察食台，了解吃食情况，确定下餐投饵量，然后观察池中中华鳖活动是否正常，池内有无病鳖、死鳖，最后观察水色、测量水温（室温）。如发现有明显异常时，及时测量 pH、溶解氧。进温室巡查，不需开灯，打开手电筒，逐池查看中华鳖的活动情况。

（五）越冬管理

稚鳖个体小，机体抗寒能力和免疫能力差，体内贮存营养有限，在冬眠前，加强投喂，加强营养，让稚鳖贮备足够营养物质，做好越冬的准备。

稚鳖不提倡常温自然越冬，有条件时，可将稚鳖移至室内池体中越冬，或露天池体加盖塑料大棚。池底铺上 10～15 cm 厚的沙层，水位加深到 1.5 m 以上，并保持稳定，溶解氧不低于 4 mg/L，水温为 3～5 ℃。如发现池塘渗漏，可缓慢补充新水，避免大量换水、泼药等操作。

二、幼鳖养殖

幼鳖养殖是指稚鳖在幼鳖池中养成体重为 5～500 g 的生产过程。在此阶段养殖过程中，可根据个体体重差异进行分级培养，从而提高总体生产性能。

（一）幼鳖池建造

在快速养殖生产过程中，养殖场往往不专门分开稚鳖池和幼鳖池。幼鳖池采用水泥砖结构，一般面积 500～1500 m² 为宜，长方形，东西走向，池深 1.5～2.0 m，水深 1.0～1.5 m，池底铺细沙 20～30 cm，池顶四周有出檐防逃，池底向出水口倾斜，池底设挡沙墙，高度与沙厚一致，出水口外接溢水导管。在出水口上方设竹框架食台（兼作晒台），长度为培育池宽度的 80%。幼鳖池进出水口设有网栏。

（二）放养前的准备

1. 配套设施　修理进、排水道，架设食台、晒台和增氧设备，加固防逃设施。

2. 幼鳖池整理与消毒　排干池塘水，清除多余淤泥，充分暴晒池底，用生石灰或漂白粉消毒清塘，7～10 天后注水 30～50 cm，池底铺设一层厚 10 cm 的直径为 0.6～0.8 cm 的光滑小卵石，降低污物积累，便于排污。

3. 调节水质　种植适量水花生、浮萍等水生植物，定时换水排污，定时水体消毒，保持水质清新，水色呈淡绿色或茶绿色，透明度约 30 cm。定时全池泼洒光合细菌、EM 菌等微生物制剂，降解有毒有害物质，维持水体稳定。

4. 鱼类搭配　搭配适量滤食性鱼类，如白鲢、鳙鱼等鱼种，清除水中大量浮游生物，调节水色和透明度，一般放养密度为 2～3 尾/m²。

（三）幼鳖放养

挑选大小一致的幼鳖放于同一池体进行饲养，饲养密度因幼鳖体重不同而有所不同，一般平均体重小，放养密度大，并随着体重的增加，放养密度要逐步降低。40～50 g/只的幼鳖，放养密度为10～15 只/m²；50～80 g/只的幼鳖，放养密度为 8～12 只/m²；80～100 g/只的幼鳖，放养密度为6～10 只/m²。

（四）投饵管理

幼鳖养殖过程中，遵循以人工配合饵料为主、天然饵料为辅的投喂原则。投饵量占鳖体重的 1%～3%（以饲料干重计），每天投喂 2 次，做到"定质、定量、定时、定点"，提高饵料利用率。

（五）日常管理

1. 水质管理　随着个体的增大，鳖体活动能力的增强，新陈代谢的旺盛，个体排泄物的增多，水体需氧量就明显增加。因此，幼鳖培养过程中，池体需配置增氧设施，保证水体溶氧量 5 mg/L 以上，缓解水质恶化，扩大鳖体活动范围，有利于中华鳖的健康生长。幼鳖养殖池水色、透明度、排污加水及定期的消毒与净化工作同稚鳖池水质管理一致。

2. 分级分养　幼鳖饲养期较长，可达 6～7 个月，个体差异明显。在生产过程中，为了提高生产效益，避免高密度导致的互相抓咬厮杀、干扰而影响正常的生长，每隔 2～3 个月进行 1 次分级分养，对每个幼鳖养殖池进行挑选分养。具体操作、消毒要求与稚鳖分级分养的操作相同。

3. 病害预防　与稚鳖培育阶段相同，做到定期消毒、定期投喂药饵。

4. 记日志　每天按时巡塘，如实登记各项工作情况。

（六）越冬管理

幼鳖对环境的适应能力强，可在天然常温条件下越冬。在越冬前投足量营养丰富的饲料，使鳖体贮存脂肪，用于越冬消耗；越冬池体水位保持 1.5 m 左右，溶解氧高于 4 mg/L，背风向阳面池底添加 10～15 cm 细沙，营造良好的越冬环境，并保持周围环境安静，幼鳖便可安全越冬。

第三章　中华鳖的营养需求

中华鳖为了生存、生长和繁衍后代，必须从外界环境中获取食物，用以维持其正常的生理功能、生物化学功能和免疫功能，以及生长发育、新陈代谢等生命活动。这些能被中华鳖采食、消化、利用的无毒无害食物被称为饲料，而饲料中含有可被利用的营养物质，就是人们熟知的蛋白质、脂质、碳水化合物（糖类）、维生素和矿物质（无机盐）等。饲料是中华鳖赖以生存的基础营养物质，在中华鳖的生长过程中发挥着重要的作用。

第一节　蛋白质

一、蛋白质的营养作用与需求

（一）蛋白质的营养作用

蛋白质是一种结构复杂、种类繁多的生物大分子物质，是生命的物质基础。其主要功能是构成中华鳖体细胞、组织、器官结构的主要物质，调节机体生理功能和供给能量。中华鳖体内含有 $15\%\sim23\%$ 的蛋白质，每天约有 3% 被不断地更新。因此，弄清中华鳖对蛋白质的营养需求具有非常重要的意义。

1. 蛋白质的分类

根据饲料来源不同，将蛋白质分为动物性蛋白质、植物性蛋白质和人工合成蛋白质 3 类。

（1）动物性蛋白质

动物性蛋白质主要来源于动物，如鱼虾、禽肉、畜肉、蛋类及牛奶等。而作为饲料用的蛋白质主要来源于这些动物的副产品，如鱼粉、奶粉、血粉及直接投喂的低值鲜活饲料。动物性蛋白质饲料的必需氨基酸种类齐全，比例合理，利用率高，适口性好，且比一般的植物性蛋白质更容易消化、吸收和利用。因此，这类蛋白质饲料大多属于优质蛋白质饲料。

（2）植物性蛋白质

植物性蛋白质主要来源于谷类、豆类、坚果类等常食用的食物，及叶蛋白、单细胞蛋白等。而植物性蛋白质饲料主要包括大豆、花生、油菜的饼粕及一些加工的粮食。

从营养学角度，植物性蛋白质又分为两类：完全蛋白质（如大豆蛋白质）和不完全蛋白质（绝大多数的植物性蛋白质）。与动物性蛋白质饲料相比，植物性蛋白质饲料的利用率和适口性都要差很多。但植物性蛋白质饲料中含有较高的蛋氨酸，且价格远低于动物性蛋白质饲料，因而常替代鱼粉使用于中华鳖饲料中。

（3）人工合成蛋白质

人工合成蛋白质就是通过人工合成或酶解的方法来获得的蛋白质，如植物酶解蛋白、酪蛋白、酵母等。这些蛋白质的特点是价格相对于动物性蛋白质便宜，但适口性差，所以配合饲料中用量较少。

2. 蛋白质的营养作用

（1）蛋白质是组成中华鳖机体的结构物质，如结构蛋白。

（2）蛋白质是构成生物体的活性物质，参与机体的各种生化反应、新陈代谢及免疫功能，如具有运输作用的血红蛋白、具有催化作用的酶、具有调节作用的胰岛素、具有免疫作用的抗体、具有运动作用的肌球蛋白和肌动蛋白、具有控制作用的阻遏蛋白。

（3）蛋白质可转化为糖类和脂肪，为中华鳖机体新陈代谢提供能量。

（二）中华鳖对蛋白质的需求

中华鳖对饲料中蛋白质的消化主要在胃和小肠中进行，吸收主要在小肠中进行。中华鳖从饲料中摄取的外源性蛋白质被消化分解为氨基酸，被机体吸收后重新合成机体蛋白质或者分解产生能量。因此，中华鳖对蛋白质的需求，其实就是对必需氨基酸的需求。中华鳖属于肉食性为主的杂食性动物，对蛋白质的需求较高。不同生长阶段对蛋白质需求量略有不同。一般来说，稚、幼鳖期蛋白质最适需求量为 48%～50%，成鳖为 45%，亲鳖为 46%。

1. 中华鳖对蛋白质的需求特点

（1）中华鳖对蛋白质的需求量较高

中华鳖对蛋白质的需求量为 40%～50%，对饲料蛋白的消化率高达 80% 以上。因此，中华鳖对蛋白质的需求较高，但也不能无限制提高。因为过高的蛋白质含量，一方面将导致氨基酸不能很快被利用而产生毒害作用，另一方面将造成极大的浪费。

（2）中华鳖喜动物蛋白，不喜植物蛋白

中华鳖属于偏肉食性的杂食性动物，动物腥味对中华鳖有着引诱和促进摄食的作用。投饲鱼肉、螺肉等鲜活饵料，其饲喂效果最佳。中华鳖对适口性差的植物性蛋白利用能力较低。研究表明，粗蛋白水平相同条件下，植物蛋白饲料（如豆粕）比例越高，饲喂效果越差。且中华鳖对植物蛋白有一定的忍受范围，超过 15% 的植物蛋白含量会使中华鳖生长受阻，超过 30% 的植物蛋白含量会使中华鳖严重不适，减少摄食甚至拒食。研究表明，动、植物蛋白比为 6∶1 的饲料能获得较好的日增重、增重率、成活率和饲料系数。

2. 中华鳖对蛋白质的需求

不同生长阶段的中华鳖对蛋白质需求不同，且对不同的蛋白源饵料的摄食也具有一定的选择性。

（1）稚鳖蛋白质需求

用酪蛋白作为蛋白源配制饲料，控制水温条件为（28±2）℃，投饵率为体重的 2%，进行养殖实验，发现蛋白含量 46.63% 的饲料具有较好的养殖效果。而以白鱼粉＋蛋白粉为主要蛋白源投喂稚鳖时，47% 的蛋白含量为最适需求量。因此，建议稚鳖的饲料中蛋白质含量控制在 50% 左右为最佳。

（2）幼鳖蛋白质需求

幼鳖对饲料蛋白质的要求较高，且对蛋白质最适需求量范围较窄，一般幼鳖最适饲料蛋白质含量为 47%~50%。如以酪蛋白和鱼粉为主要蛋白源投喂体重 55±5 g/只的幼鳖，其对饲料蛋白质的最适含量为 47.43%~49.16%，而体重 51.7~98.2 g/只的幼鳖，其最适蛋白质含量为 46.0%~48.0%。因此，建议幼鳖的饲料中蛋白质含量控制在 48% 左右为最佳。

（3）成鳖蛋白质需求

对成鳖适宜蛋白需求的研究相对较少，其最适蛋白质含量一般为 43%~45%。川崎义（1986）和张兆华均推荐成鳖的最适蛋白质需求量为 45%。以酪蛋白和鱼粉为蛋白源，投喂体重 117.66~151.67 g/只的成鳖，水温控制在 28~34 ℃，日投喂量为体重的 4%，则其最适蛋白质需求量为 43.32%~45.05%。因此，建议成鳖的饲料中蛋白质含量控制在 45% 左右为最佳。

（4）亲鳖蛋白质需求

亲鳖培育的好坏，直接影响中华鳖的产卵量和卵的质量。亲鳖饲料中，一般是配合饲料搭配鲜活饵料混合使用，因此不能直接确定饲料蛋白质含量，而是根据鲜活饵料的量来确定，若鲜活饵料配比高，则配合饲料蛋白质含量就要求高，反之亦然。目前，对亲鳖蛋白质需求的研究还较少，从推荐量来看，建议其蛋白质需求量介于幼鳖和成鳖之间为好，即蛋白质含量控制在 46% 左右为最佳。

二、氨基酸的营养作用与需求

（一）氨基酸的营养作用

1. 氨基酸结构

氨基酸是羧酸碳原子上的氢原子被氨基取代后的化合物，氨基酸分子中含有氨基和羧基两种官能团（图 3 - 1）。中华鳖体的蛋白质由 20 种氨基酸组成，包括异亮氨酸、亮氨酸、赖氨酸、蛋氨酸、苯丙氨酸、苏氨酸、色氨酸、缬氨酸、精氨酸、组氨酸、天冬氨酸、丝氨酸、谷氨酸、脯氨酸、丙氨酸、甘氨酸、鸟氨酸、胱氨酸、半胱氨酸和酪氨酸。除甘氨酸外，其他蛋白质氨基酸的 α - 碳原子均为不对称碳原子（即与 α - 碳原子键合的四个取代基各不相同），因此氨基酸可以有立体异构体，即可以有不同的构型（D - 型与 L - 型两种构型）。

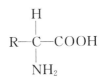

图 3 - 1　氨基酸结构通式

2. 氨基酸的分类

从营养学角度，氨基酸分为必需氨基酸、非必需氨基酸和限制性氨基酸。

（1）必需氨基酸

必需氨基酸是指中华鳖不能合成或合成速度远不能满足机体的需要，必须由饲料蛋白供给的氨基酸，包括异亮氨酸、亮氨酸、赖氨酸、蛋氨酸、苯丙氨酸、苏氨酸、色氨酸、缬氨酸、精氨酸和组氨酸等 10 种。

（2）非必需氨基酸

非必需氨基酸是指中华鳖自身能由简单的前体合成，不需要从食物中获得的氨基酸，共 10 种非必需氨基酸，即天冬氨酸、丝氨酸、谷氨酸、脯氨酸、丙氨酸、甘氨酸、鸟氨酸、胱氨酸、半胱氨酸和酪氨酸。

（3）限制性氨基酸

限制性氨基酸是指饲料蛋白质中，相对不足的某种必需氨基酸。由于某种氨基酸的不足，将导致中华鳖对其他必需和非必需氨基酸的利用受到限制。如豆类中的蛋氨酸，谷类中的赖氨酸，都是各自的限制性氨基酸。其中缺乏最多的称第一限制性氨基酸，以后依次为第二、第三、第四……限制性氨基酸。

3. 氨基酸的营养作用

（1）是构成中华鳖机体蛋白质且同生命活动密切相关的最基本物质，是肽的组成单位，包括寡肽、多肽和蛋白质。

（2）是其他生物分子合成的前体物质或原料，如合成酸、激素、抗体和肌酸等含氨物质。

（3）转变为碳水化合物和脂肪。

（4）氧化成二氧化碳和水，并提供能量。

（二）中华鳖对氨基酸的营养需求

中华鳖对饲料蛋白质营养的需求，其实质就是对氨基酸营养的需求。饲料蛋白质进入机体消化道后，在消化酶的作用下，将其分解为多种氨基酸而被吸收。吸收后的氨基酸又在合成酶的作用下合成机体蛋白质，完成中华鳖生长、更新和组织修补过程。蛋白质营养价值的高低主要取决于必需氨基酸的组成。一般地，饲料蛋白质中必需氨基酸的种类数量愈接近中华鳖机体的需要，则在其体内的利用率就高，反之就低，从而提出了理想蛋白质（氨基酸）平衡模式。

1. 必需氨基酸的平衡

饲料蛋白质中必需氨基酸不平衡，必然会影响中华鳖机体蛋白质的合成。氨基酸的平衡犹如木桶原理，如果缺少某种必需氨基酸，即使饲料中蛋白质含量再高，也不能获得较高的蛋白质效率。饲料蛋白质消化吸收的氨基酸（外源性氨基酸）与体内组织蛋白质分解产生的氨基酸（内源性氨基酸），加上一部分体内合成的非必需氨基酸，按照一定的比例合成机体蛋白质，多余的氨基酸则经过脱氨基作用，含氮的部分以氨、尿素等排出体外，不含氮的部分降解为水和二氧化碳，并释放能量，或形成脂肪储存起来。在饲料中，要注意赖氨酸和蛋氨酸、赖氨酸与精氨酸之间的平衡。稚鳖和幼鳖阶段赖氨酸和蛋氨酸的比例一般为 2.5∶1 和 2.3∶1 为宜；而幼鳖阶段的赖氨酸与精氨酸的比例一般以 0.8∶1 为宜。研究表明，赖氨酸缺乏可以引起中华鳖食欲和生活力下降，病原菌感染率增加，生长受阻等症状发生。

2. 必需氨基酸和非必需氨基酸的平衡

饲料蛋白质中如果必需氨基酸和非必需氨基酸严重不平衡，也会对蛋白质利用效率产生影响。研究表明，中华鳖肌肉中必需氨基酸和非必需氨基酸之比为 51∶49，进一步实验表明，幼鳖阶段其饲料蛋白质中的必需氨基酸和非必需氨基酸之比以 46∶54 最为适宜。

3. 氨基酸之间的相互作用

（1）协同作用

在饲料氨基酸中，半胱氨酸、胱氨酸和蛋氨酸之间，酪氨酸和苯丙氨酸之间具有协同作用。在中华鳖机体内，半胱氨酸或胱氨酸、酪氨酸可分别由蛋氨酸和苯丙氨酸转化而来。因此，中华鳖饲料中如果缺乏半胱氨酸、胱氨酸、酪氨酸，其需求可完全由蛋氨酸和苯丙氨酸满足；然而，蛋氨酸和苯丙氨酸却不能由半胱氨酸、胱氨酸和酪氨酸满足，故半胱氨酸、胱氨酸、酪氨酸又称为半必需氨基酸。

（2）拮抗作用

当饲料中的其中一种氨基酸远远超过需要量会引起另一种氨基酸吸收下降或排出增加，这种现象称为氨基酸的拮抗。氨基酸的拮抗作用发生在结构相似的氨基酸之间，因为它们在吸收过程中共用同一个转移系统，存在着相互竞争的关系。在饲料氨基酸中，最典型的拮抗氨基酸为赖氨酸与精氨酸、亮氨酸与异亮氨酸、异亮氨酸与缬氨酸、苯丙氨酸与缬氨酸等。

4. 中华鳖不同生长阶段对饲料必需氨基酸适宜需求量

目前，关于中华鳖对饲料氨基酸的适宜需求量相关研究不多，表3-1汇总了近年来的相关报道，仅供参考。

表3-1　不同生长阶段饲料必需氨基酸含量推荐值　　%

生长阶段	苏氨酸	缬氨酸	蛋氨酸	异亮氨酸	亮氨酸	苯丙氨酸	赖氨酸	组氨酸	精氨酸	色氨酸	文献来源
稚鳖	2.0	2.0	1.2	2.1	3.8	1.8	3.4	1.5	2.8	—	1
	4.6	4.7	3.4	4.9	8.9	5.2	8.1	3.1	6.6	0.7	1
	4.2	4.2	2.6	4.5	8.1	3.9	7.1	3.3	5.9	—	2
幼鳖	4.6	5.1	3.7	5.2	8.9	5.5	8.4	3.3	6.9	0.7	1
	2.2	2.3	1.3	2.0	3.8	1.9	3.5	0.9	2.9	—	1
	4.8	4.9	2.8	4.2	8.2	4.1	7.5	1.9	6.3	—	2
	6.1	6.4	3.2	6.0	10.6	5.9	9.3	3.3	7.9	—	3
成鳖	4.4	5.1	3.7	5.2	9.0	5.2	8.1	3.1	6.6	0.7	1
	4.4	5.1	2.7	4.3	8.4	4.2	7.3	2.0	6.4	—	2
	4.4	4.2	2.8	4.3	5.9	5.8	6.4	2.3	6.0	1.0	4
亲鳖	4.7	4.5	3.5	4.3	7.0	5.6	6.2	2.3	6.3	1.0	4

三、饲料替代蛋白源的利用

随着鱼粉资源的减少，鱼粉价格持续飙升，这也极大地提高了中华鳖的养殖成本，并使之成为制约中华鳖养殖效益的主要因素之一。近年来，研究者们将研究重点转向了中华鳖饲料中的蛋白源替代方面。常用的蛋白源有动物蛋白源和植物蛋白源。由于其与绝大多数植物蛋白相比，氨基酸组成更类似于鱼粉，同时，不同类型的产品还富含矿物质、磷脂和胆固醇等促生长因子，因此它们是鱼粉最直接的替代物。常用植物蛋白源主要包括油籽粕（大豆粕、菜籽/油菜籽粕、葵花籽粕和棉籽粕）、谷物（小麦和玉米）以及各类浓缩蛋白。但植物蛋白源中含碳水化合物较多，其营养价值不高，存在着一定的抗营养因子，且缺乏赖氨酸和蛋氨酸等必需氨基酸。因此，植物蛋白替代鱼粉需要进行需求量的大量研究以确定。研究表明，中华鳖对鱼粉的日摄食量为 7.6%，复合动物蛋白为 6.9%，植物蛋白仅为 4.2%。在配制中华鳖配合饲料时，应以动物源蛋白为主，适量搭配少量植物源蛋白，且二者比例以（4.0～6.0）：1 为宜。

第二节　脂　类

一、脂类的组成、分类及理化性质

（一）脂类的组成与分类

脂类是在动、植物组织中广泛存在的一类脂溶性化合物的总称，按其结构可分为脂肪和类脂质两大类。其中，脂肪就是我们所说的油脂，其化学名称为甘油三酯，大部分分布在皮下、肌纤维间、大网膜、肠系膜以及肾周围等组织中。脂肪的结构为甘油的 3 个羟基和 3 个脂肪酸分子（R_1、R_2、R_3）脱水缩合后形成的酯

（图3-2）。脂肪酸又分为饱和脂肪酸（碳链上没有不饱和键，常见的有月桂酸、豆蔻酸、软脂酸、硬脂酸和花生酸，常温下多为固态）和不饱和脂肪酸（碳链上含有不饱和键，常见的有棕榈油酸、油酸、亚油酸、亚麻酸、花生四烯酸、二十碳五烯酸EPA、二十二碳六烯酸DHA，常温下多为液态）。一般来说，陆生动物脂肪所含得饱和脂肪酸比例高于水生动物和植物油。

　　类脂质种类很多，常见的类脂质有蜡、磷脂、糖脂和固醇等。其中，磷脂、糖脂和固醇与营养密切相关。磷脂是细胞膜的组成成分，固醇是形成胆酸和合成激素的重要物质。磷脂和固醇能在中华鳖体内合成，因此，鳖饲料中不需要单独添加这两类物质。

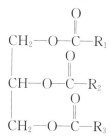

图3-2　脂肪酸结构通式

　　（二）脂类的理化性质

　　脂类，特别是简单脂类，由于所含脂肪酸种类不同而具有不同特性。其中与营养学有关的性质有以下几个方面：

　　1. 脂类的水溶性　脂类一般不溶于水（某些脂类物质如磷脂具有亲水性质），而易溶于有机溶剂。根据这一性质，可提取和测定饲料中的脂质含量。

　　2. 脂类的熔点　脂类的熔点与其结构密切相关，在饱和脂肪酸中，碳链越短，熔点越低。在不饱和脂肪酸中，碳原子数相同时，双键数目越多，则其熔点越低。中华鳖对脂肪的消化率与脂肪熔点有关，熔点越低，消化率就越高。

3. 脂类的水解特性　脂类在酸或碱的作用下发生水解，其水解产物为甘油和脂肪酸。中华鳖体内脂肪水解时需要在脂肪酶的作用下进行，饲料中的脂肪容易水解而使品质下降。

4. 脂肪的酸败特性　脂肪暴露在空气中，经光、热和空气等外界条件影响或微生物作用下，产生一些短链的醛和醇等物质，使脂肪出现不适宜的酸败味而影响饲料的营养价值和适口性。

5. 脂肪的氢化作用　在催化剂或酶作用下，不饱和脂肪酸的双键可以得到氢而变成饱和脂肪酸，使脂肪硬度增加，不易氧化酸败，有利于贮存，但也损失必需脂肪酸。

二、脂肪的营养作用

1. 脂类是中华鳖体内重要的能源物质　脂类是中华鳖体内重要的能源物质，产热量高于糖类和蛋白质。1 g 脂肪完全氧化产生含有 37.656 kJ 左右的热量，相当于蛋白质和糖类的 2.25 倍。

2. 构成机体组织　脂类是中华鳖机体组织细胞的组成成分，一般组织细胞中均含有 1%～2% 的脂类物质。特别是磷脂和糖脂是细胞膜的重要组成成分。

3. 作为脂溶性维生素的溶剂　维生素 A、维生素 D、维生素 E、维生素 K 等脂溶性维生素只有当脂类物质存在时方可被吸收。饲喂脂类缺乏的饲料，将导致脂溶性维生素缺乏症。

4. 为中华鳖提供必需脂肪酸（EFA）　作为某些激素和维生素的合成原料，节省蛋白质、提高饲料蛋白质的利用率。

三、中华鳖对脂肪的营养需求

中华鳖对能量物质——脂肪的需求比一般水产动物要高，这是因为其为水陆两栖动物，陆上运动比水中运动耗能更多，且中华鳖是排尿酸型动物，在蛋白质分解代谢和排泄中能量损失较多，加之其对碳水化合物的消化利用率不高。因此，中华鳖饲料中添加脂肪非常必要。中华鳖具有对脂肪消化率较高，对熔点低的脂肪利用率较高，对不饱和脂肪酸的需求较高的特点。因此，饲料中添加脂肪源时应充分考虑这些特点。影响中华鳖对脂肪需求量的因素较多，如不同的生长发育期、饲料中蛋白质和糖类的含量及环境温度等。但中华鳖饲料中添加脂肪量一般控制在10%以下。稚鳖饲喂精饲料时其脂肪的适宜添加量为3%～5%，稚鳖配合饲料中添加脂肪含量5%～8%为宜，成鳖等配合饲料中添加脂肪含量3%～5%为宜，而产卵亲鳖类添加量控制在6%以下，尽量少加动物脂类。

在饲料中适量增加脂肪的含量，具有节约蛋白质和提高蛋白质效率的作用。研究表明，适当提高中华鳖饲料中玉米油、豆油和鱼油的比例，均不同程度地节约了蛋白质的用量、提高其日增重和蛋白质效率。

第三节　碳水化合物

碳水化合物就是我们平时所说的糖类物质，是植物性饲料的主要组成部分，也是饲料中最廉价、最容易获得的能量物质。其不仅能供给能量，还可作为饲料黏合剂。碳水化合物按其营养特点可分为无氮浸出物和粗纤维。单糖（葡萄糖、果糖、半乳糖和甘露糖）、双糖（蔗糖、乳糖和麦芽糖）及多糖（淀粉、糊精、糖原等）属于无氮浸出物。纤维素、半纤维素、木质素和果胶属于粗纤维。碳水化合物具有提供能量、为形成体脂提供原料、为合成必需氨基酸提供碳架和构成机体组织等作用。

中华鳖对碳水化合物的消化率约为65%，因而利用能力也较差。但适当提高碳水化合物含量具有节约蛋白质的功效，过量则引起高糖原肝病。碳水化合物在动物消化道内被分解为单糖，一方面直接作为能源被利用，另一方面以糖原的形式贮存在肝脏中或转化为脂肪存于体内。中华鳖是变温动物，不需要消耗太多热量来维持体温，因而对糖类需求量较少，饲料中糖类含量不宜过高。中华鳖饲料中碳水化合物的适宜含量一般为 20%～28%（远低于其他动物的需求量，畜禽含量一般为 50%）。幼鳖对碳水化合物的需求量略低于成鳖。

粗纤维一般不能被中华鳖直接利用，但却是维持健康所必要的物质。饲料中适量的粗纤维能刺激消化酶的分泌，有助于肠道蠕动和对蛋白质等营养物质的消化吸收，但添加量过多会影响鳖的生长。一般认为中华鳖配合饲料中粗纤维的含量不宜超过 5%。稚鳖对粗纤维的需求量较少，随着中华鳖的生长，饲料中粗纤维的含量逐步增加。鱼粉几乎不含纤维素，饲料中的纤维素来自植物性原料。研究发现，在碳水化合物 α-淀粉、糊精、蔗糖和纤维素中，中华鳖对 α-淀粉的利用效果最好。

第四节　其他营养素

中华鳖饲料中除了蛋白质、脂肪和碳水化合物三大类物质外，还需要维生素和矿物质等营养物质。

一、维生素

维生素是营养作用和生理功能各异的一类低分子有机化合物，是维持动物正常生长、繁殖和健康所必需的一种用量小、作用大的生物活性物质。大部分维生素不能体内合成，需通过食物供给，其对机体的新陈代谢、生长、发育、健康有极其重要的作用。目前已发现的维生素有 20 多种，包括水溶性维生素（如 B 族维生素和维生素 C）和脂溶性维生素（如维生素 A、维生素 D、维生素 E、维生素 K）。其中，B 族维生素有维生素 B_1、维生素 B_2、维生素 B_6、烟酸、泛酸、胆碱、叶酸及维生素 B_{12} 等，具有参与糖代谢、促进生长和生殖、促进蛋白质、氨基酸和脂肪代谢等作用；维生素 C 又叫抗坏血酸，与机体构成、骨骼形成和体内氧化还原反应密切相关；维生素 A 具有促进生长发育、维持视觉、维持上皮结构的完整与健全、加强免疫力和清除自由基的作用；维生素 D 与动物骨骼的钙化有关；维生素 E 又名生育酚，可以促进卵母细胞的成熟，与硒有协同作用及防止维生素 A 和脂肪酸的氧化；维生素 K 则具有促进凝血的作用。如果长期缺乏某种维生素，就会引起生理功能障碍而发生某种疾病。因此，饲料中必须添加一定量的维生素。NRC对中华鳖饲料中维生素的推荐配方为：维生素 B_1 为 20 mg/kg，维生素 B_2 为 50 mg/kg，维生素 B_6 为 50 mg/kg，烟酸为 100 mg/kg，泛酸为 50 mg/kg，肌醇为 90 mg/kg，胆碱为 500 mg/kg，生物素为 0.1 mg/kg，叶酸为 5 mg/kg，维生素 C 为 400 mg/kg，维生素 B_{12} 为 0.15 mg/kg，维生素 A 为 5000 IU/kg，维生素 D 为 5000 IU/kg，维生素 K 为 10 mg/kg，维生素 E 为 200 mg/kg。也有研究证明，体重为 55.26 g 左右的幼鳖在饲料最低维生素 C 添加量为 184 mg/kg 时生长最佳。体重 4.8 g 左右的稚鳖饲料中，维生素 E 的最适添加量为 88 IU/kg。

二、矿物质

矿物质即为无机盐，是构成中华鳖骨骼所必需的重要物质，又是构成细胞组织不可缺少的物质，同时还参与体液渗透压和 pH 值的调节，是机体酶系统和一些维生素的活化因子或催化剂，在调节中华鳖机体的生理功能、维持正常代谢方面起着重要作用。由于矿物质元素不能自身合成，不能相互转化或替代，因而中华鳖饲料中必须添加适量、多种矿物质元素，以免影响中华鳖机体正常生长与繁殖。

矿物质在饲料中添加量虽少，但在维持中华鳖正常生命活动、提高饲料效率和健康养殖时必不可少。中华鳖除了从其生长的水环境中吸收少量矿物质外，还必须由饲料提供大部分矿物质来供给其生长的需要。在常量矿物元素中，中华鳖肌肉中的钾含量最高，其次依次为钠、钙、镁和磷；而在中华鳖甲骨中，钙含量最高，其次依次是磷、钾、钠和镁。在微量矿物元素中，中华鳖肌肉中的铁含量最高，其次依次为铜、锌、硒、钼、锰和铬；而在中华鳖甲骨中，也是铁含量最高，其次依次是锌、钼、硒、锰、铜和铬。由此得知，中华鳖对钙、磷、钾三个常量元素需求量高，对铁、锌等微量元素的需求量较高。

中华鳖不同的年龄、生长阶段以及矿物元素之间的协同与拮抗作用，均能影响其对矿物元素的吸收和利用。如稚鳖、幼鳖对钙、磷的需求高于成鳖，钙磷比例适宜（1.5∶1）时才有利于各自的吸收和利用，其中一种较高则影响另一种物质的吸收；高水平的锌可以降低中华鳖对铅的耐受性。同时，维生素也能影响矿物质的吸收和利用，如维生素 D 能促进中华鳖肠道中钙的吸收，及钙、磷在骨中的沉积，维生素 E 缺乏时将引起硒缺乏症。研究表明，饲料中钙的适宜含量为 2.54%、磷为 1.69%、镁为 2000 g/t、钾为 8000 g/t、钠为 1000 g/t、铁为 170 g/t、铜为 8 g/t、锰为 20 g/t、锌为 70 g/t、硒为 0.3 g/t 有利于中华鳖生长。

第五节　配合饲料

一、饲料及饲料原料的概念与分类

（一）饲料及饲料原料的概念

饲料是饲养动物的物质基础，凡是在合理饲喂条件下能为动物提供营养，促进生长，保证健康，且不发生毒害作用的物质都称作饲料。

饲料原料是指在饲料加工中，以一种动物、植物、微生物或矿物质为来源的饲料。饲料原料绝大部分来自植物，部分来自动物、矿物质和微生物。

（二）饲料原料的分类

饲料原料的种类繁多，根据其来源可分为植物性原料、动物性原料、矿物性原料等天然饲料原料及人工合成饲料原料。从形态方面可分为固态原料和液态原料。从所提供的养分种类和数量方面，又可分为精饲料和粗饲料等。

国际分类学上根据营养特性将饲料原料分为粗饲料、青绿饲料、青贮饲料、能量饲料、蛋白质饲料、矿物质饲料、维生素饲料、饲料添加剂等 8 类。我国将饲料原料分为青绿植物类、树叶类、青贮饲料类、块茎/块根/瓜果类、干草类、农副产品类、谷实类、糠麸类、豆类、饼粕类、糟渣类、草籽果实、动物性饲料、矿物性饲料、维生素饲料、饲料添加剂、油脂类饲料及其他等 18 类。

二、鳖饲料原料的种类

（一）蛋白质饲料

1. 植物性蛋白质饲料

植物性蛋白质饲料主要包括各种油料籽实提取油脂后的饼粕以及某些谷实的加工副产品等。这类饲料具有适口性差、营养价值相对较低且不易吸收的特点，在鳖饲料中应该合理使用并控制其用量。这类物质包括：大豆、黑大豆、豌豆、蚕豆、大豆粕、大豆饼、大豆粉、棉籽粕、棉籽饼、菜籽粕、菜籽饼、玉米蛋白粉、玉米胚芽粕、花生仁饼（粕）、亚麻仁饼（粕）、向日葵仁饼（粕）和芝麻饼（粕）等。其中由于大豆饼（粕）产量高、营养价值丰富、价格低廉而成为最常用的植物蛋白质饲料源。

2. 动物性蛋白质饲料

动物性蛋白质饲料包括水产品、畜禽产品的加工副产品等，是营养价值较高的一类蛋白质原料。其特点是：适口性好，易吸收，蛋白质含量高，氨基酸组成良好，适于与植物性蛋白质饲料搭配；钙、磷含量高；富含多种微量元素；B 族维生素特别是维生素 B_2、维生素 B_{12} 等的含量相当高，能促进动物对营养物质的利用；而且动物性蛋白质饲料都不含粗纤维，可利用能量都比较高。这类物质包括天然动物性蛋白饲料，来源于水中的天然饵料，如浮游动物（枝角类、桡足类）、底栖动物（水蚯蚓、摇蚊幼虫、螺、蚌、蚬）、水生动物（鱼、虾、蟹、泥鳅、青蛙、蝌蚪）；人工动物饲料，主要是人工培养的各种动物饵料，如黄粉虫、蚯蚓、蝇蛆、水蚤、蚕蛹等，各种动物产品或副产品，如鱼粉、血粉、肉骨粉和各种动物内脏，这类饲料是优质的饲料原料，一般作为配合饲料的主要蛋白源。

3. 单细胞蛋白质饲料

单细胞蛋白质是单细胞或具有简单构造的多细胞生物的菌体蛋白质的统称。由单细胞生物个体组成、蛋白质含量较高的饲料，称为单细胞蛋白质饲料。这类物质包括酵母类，如酿酒酵母、产朊假丝酵母、热带假丝酵母等；细菌类，如假单胞菌、芽孢杆菌等；霉菌类，如青霉、根霉、曲霉、白地霉等；微型藻类，如小球藻、螺旋藻等。

（二）能量饲料

能量饲料是以饲料干物质中粗纤维含量小于 18% 为第一条件，同时粗蛋白质小于 20% 的饲料。能量饲料的主要成分是可消化的糖和油脂。在中华鳖饲料中能量饲料和蛋白质饲料所占的比例最高。这类饲料包括谷实类（玉米、小麦、大麦、燕麦和高粱）、糠麸类（小麦麸、米糠）、淀粉质的块根块茎类（木薯、甘薯、马铃薯）、饲用油脂。这类饲料除了作为鳖饲料的能量饲料来使用外，还可以作为黏合剂来使用。

（三）青绿饲料

这类饲料是指天然水生植物芦、菰、莲、藕的嫩芽、蔬菜、瓜果类等，其维生素含量丰富，在中华鳖饲料中可少量搭配使用。

三、饲料添加剂

饲料添加剂是为保证或改善饲料品质，促进饲养动物生产，保障饲养动物健康，提高饲料利用率而添加到饲料中的少量或微量物质。一种配合饲料的质量好坏，不仅取决于主要饲料原料的合理搭配，还取决于饲料添加剂的质量。在生产上根据添加的目的和作用机理分为两大类，即营养性添加剂和非营养性添加剂。营养性添加剂是指用于补充饲料营养成分的少量或者微量物质，包括饲料级氨基酸、维生素、矿物质、微量元素、酶制剂等。非营养性添加剂是指在饲料主体营养物质成分之外，添加一些它所没有的物质从而可帮助消化吸收，促进生长发育，保持饲料质量，改善饲料结构。

常见的饲料添加剂有：

（1）保持饲料效价的添加剂，如抗氧化剂、防霉剂等；

（2）促进生长的添加剂，如黄霉素（抗生素）、植物性蜕皮激素；

（3）促进摄食、消化吸收的添加剂，如诱食剂、酶制剂等；

（4）提高机体免疫力、增强抗病力、促进动物生长的添加剂，如免疫增强剂（包括微生态制剂）等；

（5）提高饲料耐水性的添加剂，如黏合剂；

（6）改善养殖产品品质的添加剂，如着色剂；

（7）防止鱼虾营养性疾病的添加剂，如强肝剂。

四、配合饲料

（一）配合饲料的定义及分类

配合饲料是根据动物的营养需要，按照饲料配方，将多种原料按一定比例均匀混合，经适当的加工而成的具有一定形状的饲料。中华鳖配合饲料根据物理性状分为粉状饲料和颗粒饲料（软颗粒饲料、硬颗粒饲料和膨化饲料）。

（二）中华鳖配合饲料

我国早期的中华鳖饲料是以鳗鱼料为饲料。随着产业的发展，已经研制和生产出了专用中华鳖配合饲料，其营养组成一般为鱼粉60%～70%，马铃薯淀粉20%～25%，还含有少量的酵母粉、肝脏粉、矿物质、维生素等成分。我国于2001年制定了中华鳖配合饲料的行业标准（SC/T 1047），对中华鳖粉状配合饲料的分类和主要营养成分要求做了如下规定：中华鳖配合饲料分稚鳖饲料、幼鳖饲料、成鳖饲料三种，分别适用于稚鳖、幼鳖和成鳖。各类产品适宜喂养对象的体重为稚鳖饲料宜喂养体重≤50 g；幼鳖饲料宜喂养体重50～150 g；成鳖饲料宜喂养体重≥150 g。各类产品的营养成分要求如下，粗蛋白质要求为：稚鳖饲料＞46%，幼鳖饲料＞43%，成鳖饲料＞40%；粗脂肪要求为：稚鳖饲料、幼鳖饲料、成鳖饲料均≥3%；粗纤维要求为：稚鳖饲料和幼鳖饲料≤1.5%，成鳖饲料≤2.0%；粗灰分要求为：稚鳖饲料、幼鳖饲料、成鳖饲料均≤18%。

（三）中华鳖配合饲料的加工工艺要求

目前，我国生产的中华鳖配合饲料主要为粉状和颗粒饲料。鳖用配合饲料加工工艺要求与畜禽饲料大多采用的先粉碎后配料工艺不同，鳖用饲料加工要求较严格。要求粉碎的粒度更细，一般要求饲料原料90%以上都要过80目标准筛，需采用先配料后粉碎工艺，且采用二次混合。第一次混合在配料后微粉碎前，第二次混合在微粉碎后。采用二次混合的原因有二：一是鳖用饲料中有些原料如乌贼粉、肝粉等黏性很大，需同其他物料混合后才易于粉碎；二是粒度较细的饲料一次混合难以混合均匀，且第二次混合时再加入维生素、微量元素、诱食剂等添加剂，可减少因受热而遭到的损失。与鱼类相比，中华鳖对饲料的适口性、黏合性、粉碎粒度要求更高，因此对加工设备及工艺要求也更高。因其对原料的粉碎粒度要求高，超微粉碎机是鳖用配合饵料加工的关键设备。

（四）配合饲料的优势及配制原则及饲料使用

1. 配合饲料的优势

（1）人工配合饲料中蛋白质稳定，制作精细，易保存运输，能保证鳖体在最佳营养条件下生长。

（2）通过合理的原料搭配，提高单一饲料养分的实际效能和蛋白质生理价值。

（3）人工添加促生长素、引诱剂和防病药物，提高鳖体食欲和摄食量，增强体质，起到防病治病的效果。

（4）配合饲料适口性好，适合中华鳖摄食，减少饲料及营养成分在水中的散失，提高了饲料利用率，降低了饵料系数。

2. 配制原则

配合饲料的配制过程中必须根据中华鳖不同生长、生殖阶段的特殊营养需求及鳖体自身营养成分的组成，结合中华鳖的野生食性，配制营养平衡的适口饲料。

（五）提高饲料效率的方法

提高饲料效率，降低饲料成本，提高养殖效益，是广大养殖户非常关注的问题，也是一个十分现实的问题。为提高饲料效率，建议从以下几个方面入手，改善配合饲料利用率。

1. 饲料使用

（1）根据养殖中华鳖机体的生理需求，选择营养丰富、理化指标适宜、消化吸收率高、适口性好的优质颗粒饲料种类，饲料质量必须符合《中华鳖配合饲料》（SC/T 1047）和《无公害食品　渔用配合饲料安全限量》（NY 5072）要求，卫生指标符合《饲料卫生标准》（GB 13078）要求。

（2）要与鲜活的动物性饲料配合使用，鲜活动物性饲料是指各种低值的水产品、水产或肉类加工厂的新鲜下脚料，市场上的各种蛋类、人工饲养的蝇蛆、黄粉虫、螺蚌、蚯蚓等，每次配合的使用量为中华鳖饲料的 10%～30%。

（3）要与鲜嫩多汁的植物性饲料配合使用，包括各种青绿瓜果蔬菜、种植的牧草等，每次添加的植物性饲料一般以中华鳖配合饲料量的 8%～15% 为宜。

（4）饲料粒度要细，中华鳖，尤其是稚鳖，对饲料的细碎程度要求较高，从生产实践上看以饲料粒度达到尼龙筛网标准 NX-60 目以上为好。

2. 投饵管理

（1）食台设计　中华鳖是水陆两栖动物，水中和陆地均可摄食，故根据生产管理需要可设计水下或水面食台。水下食台，饲料浪费量大，水质容易变坏，饵料利用率自然就低。水面食台以有栏食台为好，可有效防止饵料流失，提高饵料利用率。

（2）投饵方式　选择不同的投饵方式对饲料效率有很大的影响。水下投饵容易使水质变坏，浪费饲料，降低饲料利用率；水面投饵，减少饲料浪费量，提高饲料利用率，防止水质变坏，同时便于观察鳖体的吃食情况，确定合适的投饵量。

（3）投饵量　投饵量的确定主要从投饵率和摄食时间来综合考虑。稚鳖投饵量一般为体重的 2%～5%，幼鳖为 1%～3%，成鳖为 1%～2%。日投饵 2 次，2 小时内吃完为宜，日投 3 次，1.0～1.5 小时内吃完为宜，若少量多餐投喂，0.5 小时内吃完为宜。条件允许，采用少量多餐投喂为最佳方式，能减少饲料散失，让不同体质的中华鳖均有进食的机会，大大提高了饲料利用率，降低了饵料系数。

（4）投饵场　中华鳖摄食过程中，若遇惊扰就会潜入水底，浪费饵料，故食台周围环境要安静，确保安全摄食，可提高饵料利用率。此外还要经常清洗食台，清除残饵和病鳖，定时注换新水和水体消毒，保持适宜水色和透明度，对提高饵料利用率也十分重要。

（5）水温　养殖水温达到中华鳖正常摄食水温时，鳖体对饲料的摄食、消化吸收能力大大增强，从而有效地提高了饲料的利用率。

（6）饵料处理　在饵料中添加适量淀粉、甲基纤维素、面筋等黏合剂，使饲料具有弹性和黏结性，保证投饵时不易散落，减少饵料损失率，从而提高饵料利用率。同时定时拌饵投喂中草药或多糖类物质，增强中华鳖的体质，减少疾病发生率，间接地提高了饵料的利用率。

（六）中华鳖配合饲料粗配方介绍

根据中华鳖不同生长阶段对各营养素的需求（表3-2），进行模拟配方设计，生产出生产试验料，并在实践中反复试验、调整，最后开发中华鳖全价配合饲料（表3-3），用于生产。

表3-2 中华鳖不同生长阶段对各营养素的需求

营养素\规格	蛋白质	脂肪	糖类	维生素	矿物质
稚鳖	50%	3%～5%玉米油或鱼油	18%	多种维生素预混剂	多种矿物质预混剂
幼鳖	48%	3%～5%玉米油或鱼油	20%	多种维生素预混剂	多种矿物质预混剂
成鳖	45%	3%～5%玉米油或鱼油	22%	多种维生素预混剂	多种矿物质预混剂

表3-3 中华鳖全价配合饲料粗配方　　　　　　　%

营养素\规格	鱼粉	α-淀粉	酵母粉	多种矿物质	多种维生素	添加剂	豆粕	其他
稚鳖	68	18	3	1	1.5	1	0	6.5
幼鳖	64	20	4	1	1.2	1	4	4
成鳖	58	22	4	1	1.0	1	7	4
亲鳖	50	20	6	1	1.0	1	7	4

第四章　场地的选择与设计

根据养殖水域环境特性和中华鳖动物习性，稻田养殖时需进行整体规划与布局，首先稻田的设计要满足中华鳖生长需求和无公害健康养殖条件，保证产品质量安全；其次养殖场的布局需要符合动物防疫条件，方便运输，便于管理等。

第一节　场地要求

养殖区域需要远离公路、噪声大的工厂和喧闹的场所，阳光充足，温暖避风，环境安静，交通便利。水源无污染，水量充足，水质符合养殖用水标准，能排能灌，稻田土质、地形适合中华鳖生长与繁养。

一、水源水充足，水质良好

水源水包括江河、溪流、湖泊、地下水等，水源充足，水质良好、排灌方便、不受旱涝影响，远离洪水泛滥地区和工业、农业和生活污染区，质量符合《地表水环境质量标准》（GB 3838）Ⅲ类和《渔业水质标准》（GB 11607）的要求。

稻田中华鳖养殖用水要求水质清新，无异味，无有毒有害物质，同时水体氨氮、溶解氧、硫化物、pH 值等各项理化因子能满足中华鳖健康生长发育的需求。

稻田养殖中华鳖时，投喂蛋白质含量高的饲料，且稻田水体不大，容易导致稻田水体富营养化。因此，稻田养殖中华鳖时，废水必须进行相应的无害化处理，将污染物质分离或转化为无害物质，使养殖排放尾水符合《淡水池塘养殖水排放要求》（SC/T 9101）。

养殖排水处理方法常有物理方法、化学方法和生物方法。物理方法就是通过筛网、沉淀、过滤等简单的物理方法去除养殖水体中的粪便、残饵等悬浮物。化学方法就是用生石灰、氯制剂等常用消毒制剂进行水质消毒，起到改良和净化水质的作用。生物方法就是养殖水体中施加适量微生态制剂，调节水体微生物菌群，抑制有毒有害物质的产生，抑或种植适量水生植物，吸收水体氮、磷等营养物质和净化有毒有害物质。

二、适宜的气候条件

稻田养殖水较浅，水量少，水体温度变化快，因此，稻田养殖中华鳖，其生长速度受环境温度影响较大，其生长时间也较短。因此，稻田选址时要了解当地气候状况，例如全年最低、最高气温，平均气温，降雨量，日照时数，阵雨、旱涝等发生的时期，选择光照较充足，阴雨天气较少，刮风时期不多或风力小的地区进行稻田养殖，达到节约能源的目的。

三、土壤

稻田养殖中华鳖，对稻田土质要求较为严格。土壤的土质、肥瘦、透水性、有毒有害物质等均对中华鳖的生长、发育和繁殖及产品品质产生较大影响。因此，选择保水性和透气性好的土壤稻田，采集稻田土壤样品送往具有检测资质的检测部门进行检测分析，确保稻田底土质量条件符合《农产品安全质量　无公害水产品产地环境要求》（GB/T 18407.4）。

稻田土壤种类常用肉眼观察和手触摸的方式进行初步判定。

（1）重黏土　土质滑腻，湿时可搓成条，弯曲不断。

（2）黏土　土质滑腻，无粗糙感觉，湿时可搓成条，弯曲难断。

（3）壤土　湿时可搓成条，但弯曲有裂痕。

（4）沙壤土　多粉沙，易分散板结，用手摸如麦面粉的感觉。

（5）砂砾土　有小石块和砾石。

四、四周环境安静、无污染

中华鳖胆小，易受到惊吓。故稻田养鳖须选择安静、阳光充足的区域，避开公路、喧闹的场所、噪声较大的厂区及风道口。周围无畜禽养殖场、医院、化工厂、垃圾场等污染源，四周环境和养殖场内卫生良好，环境空气符合《环境空气质量标准》（GB 3095）各项要求。

稻田养鳖场的生活垃圾应分类存放，可降解有机垃圾经发酵后利用。废塑料、废五金、废电池等不可降解垃圾分类存放，集中回收。

五、交通便利，电力充足

选择交通方便、供电充足、饵料来源充足、通信发达的区域进行稻田养殖中华鳖，以便生产运输畅通，保证养殖生产正常运行。

第二节　稻田选择

中华鳖是水陆两栖动物，但以生活在水中为主，因此，养殖中华鳖的稻田需要选择水源充足，排灌方便，水质无污染，且符合渔业水质标准、交通便利、保水力强的田块，且保证田埂不漏水。

一、环境要求

选择光照良好、环境安静、地面开阔、地势平坦且背风向阳的地方。稻田环境符合《农产品安全质量　无公害水产品产地环境要求》（GB/T 18470.4）的规定，要求水源条件好、水源充足、排灌方便、保水力强、天旱不干、洪水不淹。此外，还要看交通是否方便，电源、能源和饲源供应是否充足等。

二、面积要求

稻田面积，大小均可。但为了便于管理，田格面积不宜过大，5～10 亩面积有利于精细化管理，15～30 亩面积便于稻田改造和管理。

三、水源水质要求

选择水源丰富、排灌方便且水质良好无污染的稻田来养鳖。水源一般为河流、湖泊或水库、池塘的地面水，最理想的水源是既有地面水，又有水质良好的工厂余热水或温泉水，这样能自由调节水温。稻田水质要求达到《地表水环境质量标准》（GB 3838）Ⅲ类和《渔业用水标准》（GB 11607）要求，pH 值介于 7.0～8.5 的无污染、微碱性水质，溶解氧大于 3 mg/L，氨氮小于 0.5 mg/L。

四、土壤要求

稻田土壤以无污染、肥沃且保水力强的黏性土壤为佳，土壤环境质量符合《土壤环境质量标准》（GB 15618）Ⅱ类以上标准。

第三节 田间工程

稻鳖生态种养是一种复合型水体生态系统，水体生态环境既要适宜水稻种植生长，又要满足中华鳖生长发育及特殊生活习性要求。通过细化田间工程，在稻田中营造适合鳖栖息生活的养殖环境，确保水稻产量及中华鳖养殖的生态经济效益。稻田养鳖的田间工程建设包括田埂、鳖沟、鳖溜、进排水，以及防洪、防旱和防暑降温设施等。田间工程的基本设施建设有永久性和一般性两种方式。永久性建设就是在一般性建设的基础上采用水泥加固工程。

一、田埂建设

稻田养鳖的田埂比一般稻田要求厚实，以防渗漏。因此需要对田埂进行加高、加固和加深。田埂建设一般在冬季农田整修时进行，也可以在插秧前整田时进行。田埂有外田埂和内田埂之分。外田埂截面呈梯形，底部宽 1.5～2 m，顶部宽 0.8～1 m，田埂高度比稻田田面高出 0.5～0.8 m，坡比为 1：（0.3～0.7）；内田埂截面也呈梯形，底部宽 0.5～0.6 m，顶部宽 0.3～0.4 m，高度 0.3～0.4 m，坡比以 1：（0.1～0.5）为宜。田埂建设时，要进行不断敲打，以保证其坚硬结实、不裂、不漏、不垮。田埂可以是土埂、石埂、石板及水泥板护坡等多种形式。事实证明，由条石、石板或水泥板护坡的田埂稳固性比土埂要好，不易塌垮。

二、鳖沟、鳖溜开挖

1. 挖沟原则

在保证水稻不减产的前提下，遵循以水稻为主，养殖为辅的原则，沟、溜面积应控制在稻田总面积的 10% 以内。

2. 开挖时间

开挖时间一般在冬季或早春农闲时节，这样可以避开农忙季节，其次有利于提早放养鳖苗。鳖沟和鳖溜开挖成永久性、耐用性的沟和溜，可以多年利用、多年受益，且有利于投喂饲料和人工管理。

3. 开挖深度

根据"浅水种稻、深水养鳖"的原则，鳖沟和鳖溜要有一定的深度。沟、溜有利于增加水体体积，降低水温、溶解氧的昼夜温差，有利于中华鳖躲避夏季高温的恶劣环境。因此，一般要求主沟宽度为 0.5～3 m，深度为 0.8～1.5 m。鳖溜的面积为 5～20 m²，深度以 1.0～1.5 m 为宜。

4. 开挖方式

开挖鳖沟、鳖溜的位置、形状、数量和大小应因地制宜，根据稻田的实际情况进行确定。一般来说，面积较小的稻田，开挖1～2条鳖沟即可，通常每隔20 m开挖一条鳖沟，在鳖沟的交叉或稻田的边缘开挖鳖溜。目前，使用比较广泛的田间沟溜形式有沟溜式、宽沟式、田塘式等。

(1) 沟溜式　沟溜式的开挖方式即在稻田四周外田埂内侧开挖一套围沟（环形鳖沟），其宽0.5～1 m、深0.8～1.2 m。根据稻田大小，再在稻田内开挖多条"田""十""回""日""目""井"字形鳖沟（图4-1、图4-2）。同时在对角处开挖长4～6 m、宽3～5 m、深1.2 m的鳖溜，在稻田的一角需留有长4～5 m，宽2～3 m，高1.2 m的机耕通道，以便于插秧机、收割机等作业机械进出。

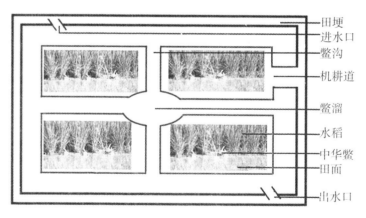

图4-1　沟溜式模式图

图 4-2　沟溜式实景图

（2）宽沟式　宽沟式的开挖方式即在稻田田埂内侧的进水口一侧，开挖一条宽 2～3 m、深 1.0～1.2 m 的宽沟，宽沟的内侧田埂要求高于稻田水面 25 cm 左右，且在内田埂上每隔 5 m 开挖一个缺口，以保证与稻田相连，便于中华鳖自由进出宽沟和稻田（图 4-3、图 4-4）。

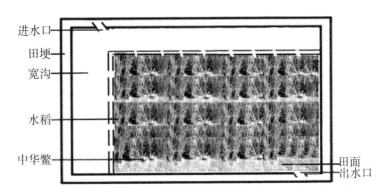

图 4-3　宽沟式模式图

图 4-4　宽沟式实景图

（3）田塘式　江浙一带大多将稻田开挖成田塘式，即在稻田低洼处开挖一个小池塘，但面积不能超过稻田总面积的 10%～15%，深度在 1.2 m 左右。池塘和稻田之间以鳖沟相通（图 4-5、图 4-6）。

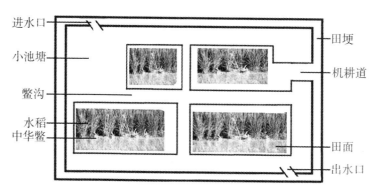

进水口

小池塘

鳖沟

水稻
中华鳖

田埂

机耕道

田面

出水口

图 4-5　田塘式模式图

图4-6　田塘式实景图

三、防逃设施及进、排水系统

中华鳖喜用四肢掘穴和攀逃，防逃设施建设是稻＋中华鳖生态种养的重要环节。进排水系统直接影响着稻田养殖中华鳖的生产效率和经济效益。一般在稻田内壁用光滑、坚固耐用的砖块、水泥板、塑料板或水泥瓦等材料做防逃墙，墙高为内侧水平以上50～60 cm，设置时要求底部插入田底下20～30 cm作为防逃反边，并向池内侧稍微倾斜，内外沿用碎土铺平夯实，防止积水穿洞，每隔90～100 cm用竹或木桩捆绑固定。为防止中华鳖沿夹角爬出外逃，稻田四角转弯处的防逃隔离带做成弧形。

进、排水系统一般由进水口、各类渠道、水闸、集水池、分水口、排水沟等组成。进水口常高出水面，达到增氧的目的。排水口以排干底层水为宜，位置相对较低。进、排水口都装有拦网，阻拦杂草、杂物、敌害生物和野杂鱼进入。进、排水系统严格分开，以防自身污染。进水沟可拉长，让水进行曝气、曝光、消毒、增氧。出水沟应集中，线路宜短，养殖废水集中消毒杀菌再排放。

田埂上设有进、排水口，位于相对两角的土埂上，进水口位高，建在田埂上；出水口位低，建在沟渠最低处。进、排水口均用PPR管，排水管呈L形，一头埋于田底部，穿过田埂，可出水，另一端灵活可取，调节田内水位。

进、排水渠道通常采用高灌、低排的格局，一般利用稻田四周的沟渠建设而成，对于连片大面积稻田，要有水源保证，进、排水应稍宽和稍深，且不能建在稻田田块内，以免造成相互污染。进、排水渠道建在稻田两边的斜对角的田埂上，进水渠建在稻田最高地势处，排水渠建在稻田最低地势处，灌排分开。为了防止中华鳖逃逸及敌害生物的入侵，要求在进出水口设置闸门，安装防逃拦网，网栏高与防逃墙相同。常用的拦网材料有塑料、铁丝等，其四周都要嵌以木框，且要埋入进、排水口的泥土中。同时还要注意清除周围泥土和杂草，有利于进、排水水流畅通。

四、平水缺、食台建设

在稻田进出水口设置平水缺，以保持田间水稻不同生长发育阶段所需的水深，同时，雨季积水自行溢出，避免积水漫过田埂。平水缺的高度要根据稻田的水位来确定，一般用砖块平铺，缺口宽30 cm左右。

用长3 m、宽1～2 m的水泥预制板（或竹板、木板）斜置于田埂边，板长一边入水下10～15 cm，另一边露出水面，坡度约为15°，食台外侧设一高度为1 cm的挡料埂，防止饵料滑入水中。

五、道路、桥涵建设

发展规模化稻田养鳖，要从机械化操作需要出发，搞好道路建设。布局合理，顺直畅通。道路建设分干道、支道两级；干道宽度宜为3～6 m，支道宽度不宜超过3 m；道路与桥、涵配套适宜，确保农业机械作业和粮食作物运输。同时还要搞好排灌站和涵闸配套建设，提高抗御自然灾害的能力。

第四节　配套设施

结合稻田地形、地貌，便于管理、看护与疾病防控的原则，稻田养殖区域规划出养殖区、尾水处理区、检测分析室、贮备室、工具室、值班室等，做到养殖生产、质量安全管理一体化，以便提高生产效率，保证产品质量。同时，本着经济实用的原则进行稻田养殖的设计，因地制宜，就地取材，减少生产费用，保证稻田种养区域功能齐全、资源节约、环境友好。

一、尾水处理设施

利用稻田养殖区的排水渠道构建生态净化系统，所有稻田养殖废水统一流入生态净化沟渠，进水口处设有筛网进行初过滤，其后缓慢流入沟渠过滤处（渠底铺有碎石、卵石、焦炭、煤渣、塑料蜂窝等），然后再流入渠底种植沉水植物、周边种植挺水植物、开阔水面放置生物浮床、种植浮水植物、放养滤食性和杂食性水生动物的水域进行处理，这里可以吸收水体氮、磷等营养物质和净化有毒有害物质。

二、工作室分配

（一）饲料和药品仓库

根据养殖规模大小购买饲料粉碎机、搅拌机、冰箱、混拌饲料盆、缸等设备；饲料仓库干燥、整洁、通风，防止饲料受潮、鼠害或者有害物质污染。药品仓库，配有冰箱、药柜和记录本等。所购药品需有生产许可证、批准文号、生产日期等，并按要求保存，严禁乱用、滥用药物，开处方，填记录。

（二）实验室

稻田养殖中华鳖，虽然患病率低，但也必须设有实验室 1～2

间，配备显微镜、无菌室、高压灭菌锅、培养箱、pH 计、水质分析仪等设备，日常进行养殖水质的常规分析和鱼病检测分析。

（三）档案室

供养殖生产值班人员专用，值班室面积 10～15 m²。

三、管理制度

（一）人员培训

稻田养殖主要技术负责人要有水产养殖及管理经验，最好持有渔业行业职业技能培训中级证书，并配备 1～2 名持有渔业行业职业技能培训初级证书的检测人员，主要负责水质检测分析和病害防治工作。

通过多种方式对技术管理和技术操作人员进行培训。根据分工不同，技能培训内容也不相同。负责检测和病害防治实验室的分析人员熟悉实验室内检测流程，遵守实验室规章制度，掌握水质检测、病害诊断、病原菌分离纯化等各项技能，保证检测结果的真实性、可靠性；养殖技术员熟练掌握下田、捕捞和运输等各项生产操作过程，能科学地使用鱼药，观察水色、中华鳖活动等情况，以便及时了解状况，采取相关措施。

（二）安全生产

按《畜禽水产养殖档案记录规范》（DB43/T 634）规定建立生产管理档案室，面积 10 m² 左右，配备档案柜，用于保存生产技术档案资料。填写养殖档案应安排专人负责，及时、真实、准确、字迹工整地填写各项工作内容，整理养殖记录，装订成册，归档保存至少 2 年。

档案内容主要包括：①放养日期、来源、品种、数量、规格、重量、检疫合格证明编号、繁殖记录、出场日期等；②饲料名称、成分、生产厂家、批号和生产日期，投饲量、摄食情况等有关情况；③消毒、日常检查、免疫增强剂使用等情况；④巡田、配套设施检修、田内除杂、注排水、稻田四周消毒、水质消毒与调节等日常管理记录；⑤发病症状、时间、用药处方、药物名称和来源、给药方法、治疗结果、死亡数量和无害化处理情况等；⑥销售日期、规格、数量及购买人员单位、名字和联系方式等。

建立养殖档案，为经济核算、养殖技术和病害防治的总结与分析提供可靠资料，保证养殖生产与管理达到最佳效益，并为日后制订生产计划奠定基础。

（三）养殖管理

制定工作管理制度，主要包括人员分工、考勤管理、岗位守则等，保证生产养殖过程中都有工作人员管理，减少意外、突发事件的发生。水产养殖符合《水产品池塘养殖技术规范》（DB31/T 348）的要求；配合饲料的安全卫生指标符合《饲料卫生标准》（GB 13078）和《无公害食品　渔用配合饲料安全限量》（NY 5072）的规定，鲜活饲料新鲜、无腐烂、无污染；药物选用按照《无公害食品　渔用药物使用准则》（NY 5071）和中华人民共和国农业部公告第193号的规定执行；养殖废水处理按照《淡水池塘养殖水排放要求》（SC/T 9101）标准规定执行。

（四）追溯体系

按《畜禽水产养殖档案记录规范》（DB43/T 634）的规定建立养殖生产档案，记录水产品的投入、养殖生产管理、疾病防治途径、用药取方、防治效果、产品销售等过程，有利于水产品溯源。

第五章 水稻品种的选择与栽培

第一节 水稻品种选择

用于稻鳖种养的水稻品种一般为晚稻或单季稻。常用晚稻品种有：湘晚籼 13 号、湘晚籼 12 号、玉针香、玉晶 91、农香 18、农香 32 等。单季稻品种有：泰优 390、桃优香占、黄华占、准两优 608、隆两优华占、晶两优华占、晶两优 534 等。现将适宜湖南地区种植的主要品种及特性介绍如下：

一、湘晚籼 13 号

"湘晚籼 13 号"（原名农香 98）是湖南省水稻研究所和金健米业股份有限公司合作选育的迟熟香型优质常规晚籼品种。在长江中下游作双季晚稻种植，全生育期平均 122 天，比对照汕优 64 迟熟 2.3 天。株高 98.5 cm，株型适中，群体整齐，较易落粒，抗倒性较强，熟期转色好。每亩有效穗数 24.5 万穗，穗长 22.2 cm，每穗总粒数 97.3 粒，结实率 85.9%，千粒重 25.3 g。抗性：稻瘟病 9 级，白叶枯病 3 级，褐飞虱 9 级。米质主要指标：整精米率 53.4%，长宽比 3.6，垩白粒率 5%，垩白度 0.4%，胶稠度 58 mm，直链淀粉含量 15.3%。2002 年参加长江中下游晚籼早熟优质组区域试验，平均亩产 466.18 kg，比对照汕优 64 增产 5.96%（极显著）；2003 年续试，平均亩产 491.69 kg，比对照汕优 64 增产 4.83%（极显著）；两年区域试验平均亩产 478.93 kg，比对照汕优 64 增产 5.39%。

二、玉针香

玉针香属常规中熟晚籼，在湖南省作双季晚稻栽培，全生育期114 天左右。株高 119 cm 左右，株型适中。叶鞘、稃尖无色，落色好。省区试结果：每亩有效穗数 28.1 万穗，每穗总粒数 115.8粒，结实率 81.1％，千粒重 28.0 g。抗性：稻瘟病抗性综合指数8.2，白叶枯病抗性 7 级，感白叶枯病；抗寒能力较强。米质主要指标：糙米率 80.0％，精米率 65.7％，整精米率 55.8％，粒长8.8 mm，长宽比 4.9，垩白粒率 3％，垩白度 0.4％，透明度 1 级，直链淀粉含量 16.0％。2006 年第六届湖南省优质稻新品种评选活动中被评为一等优质稻新品种。2007 年省区试平均亩产426.38 kg，比对照金优 207 减产 1.34％，不显著；2008 年续试平均亩产461.56 kg，比对照减产 7.15％，极显著。两年区试平均亩产443.97 kg，比对照减产 4.25％；日产 3.89 kg，比对照低 0.31 kg。

三、玉晶 91

玉晶 91 是湖南省水稻研究所育成的高档优质稻品种。2012 年在第九届湖南省优质稻评选中被评为一等优质稻品种。2015 年获得湖南省农作物品种审定委员会审定。2018 年荣获首届全国优质稻（籼稻）品种食味品质鉴评金奖。在湖南及周边省份适宜种植区域作双季晚稻或一季晚稻栽培。该品种株型紧凑，叶姿直立，成穗率高，大穗大粒，千粒重约 32.7g。糙米率 77.0％，精米率65.3％，整精米率 45.9％，粒长 8.0mm，长宽比 3.8，垩白粒率9％，垩白度 1.4％，透明度 1 级，碱消值 6.8 级，胶稠度 80mm，直链淀粉含量 15.7％，水分 11.6％。米饭蓬松，光泽油亮，柔软可口，香味浓郁。2013 年省区试平均亩产 479.39 kg，比对照岳优9113 减产 1.97％，减产显著。2014 年省区试平均亩产 522.78 kg，比对照减产 2.94％，减产极显著。两年区试平均亩产 501.09 kg，比对照减产 2.46%；日产量 4.42 kg，比对照低 2.98%。

四、农香 18

农香 18 是湖南省水稻研究所育成的"超泰米"苗头新品种，是湖南省首次评选出来的一等优质品种。米质经农业部食品检测中心（武汉）分析检测：糙米率 79.7%，精米率 70.7%，整精米率 63.4%，精米长 8.4 mm，长宽比达 4.0，垩白粒率为 10%，垩白度为 0.3%，直链淀粉含量为 17%，透明度 1 级。精米细长，白度好，米饭油亮，纵向伸长度 200%，蓬松柔软而不黏结，食味可口，具有浓郁香味，冷饭不回生，口感好。在 2006 年湖南省第六次优质稻评选中被评为一等优质稻新品种。2007 年参加湖南省晚稻迟熟组区域试验，平均亩产 439.78 kg。2008 年参加续试，平均亩产 511.96 kg。全生育期 118 天左右，比对照威优 46 长 0.7 天。株高约 102 cm，中等偏高。分蘖力中等，繁茂性好，株型前期较紧凑，后期松散适中，剑叶直立，穗较长，粒长，千粒重 28.2 g 左右，结实率 86.0%。耐肥抗倒，后期落色好。

五、湘晚籼 17 号

湘晚籼 17 号为香型优质稻新品种，是湖南省水稻研究所以"湘晚籼 10 号"为母本，以广东的"三合占"为父本杂交育成的中熟晚籼品种。2008 年初通过湖南省农作物品种审定委员会审定，湖南省第六次优质稻品种评审结果：糙米率 78.7%，精米率 68.5%，整精米率 60.9%，粒长 8.1 mm，长宽比 4.1，垩白粒率 9%，垩白度 0.7%，透明度 1 级，碱消值 6 级，胶稠度 84 mm，直链淀粉含量 17%。所有指标均达到国家一等优质稻标准，被评为一等优质稻品种，是湖南省第一个通过审定的国标一等优质稻品种。2007 年省区试平均亩产 435.16 kg，比对照金优 207 增产 0.69%，不显著；2007 年在湘潭县示范 3.5 亩，折合亩产 508 kg。

全生育期 117 天，株高 107.5 cm，株型松散适中，分蘖率较强，后期落色好。省区试结果：每亩有效穗数约 20.0 万穗，每穗总粒数 124 粒，结实率 82.5%，千粒重 26.1 g。抗性：叶瘟 6 级、穗瘟 9 级、稻瘟病综合评级 7.3，白叶枯病 5 级。

六、黄华占

黄华占是广东省水稻研究所选育的一个高产优质中籼新品种，2005 年通过广东省审定，2007 年通过湖南省、湖北省农作物品种委员会审定。在湖南省作中稻栽培，全生育期 136 天。株高 92 cm，株型好，抽穗整齐，落色好，粒细长，千粒重 23.5 g。每穗总粒数 157.6 粒，结实率 90.8%。抗性鉴定：湖南区试点叶瘟 4 级，穗瘟 9 级；广东区试点稻瘟病 3.5 级，中抗稻瘟病；抗高温能力较强，耐肥抗倒。适宜直播和抛秧。米质检测：精米率 73.5%，整精米率 69.1%，长宽比 3.5，垩白粒率 4%，垩白度 0.4%，透明度 1 级，胶稠度 79 mm，直链淀粉含量 16.0%，蛋白质含量 8%，主要指标达国标一等优质稻品种标准。2005 年参加省区试平均亩产 547.8 kg，比对照金优 207 增产 12.7%，极显著；2006 年续试，平均亩产 538.4 kg，比对照Ⅱ优 58 增产 1.0%。两年省区试平均亩产 543.1 kg，比对照增产 6.9%。

七、农香 32

农香 32 为湖南省水稻研究所选育的籼型常规水稻，适宜在湖南省稻瘟病轻发的山丘区作中稻种植。省区试结果：在湖南省作中稻栽培，全生育期 137.5 天。株高 126.4 cm，株型适中，生长势较强，叶鞘绿色，稃尖秆黄色，中长芒，叶下禾，后期落色好。每亩有效穗数 14 万穗，每穗总粒数 171.6 粒，结实率 78.1%，千粒重 27.7 g。抗性：叶瘟 5.8 级，穗颈瘟 7.3 级，稻瘟病综合抗性指数 5.6，白叶枯病 7 级，稻曲病 4 级，耐高温能力较弱，耐低温能力较弱。米质：糙米率 72.3%，精米率 62.1%，整精米率 45.0%，粒长 8.0 mm，长宽比 4.2，垩白粒率 19%，垩白度 1.9%，透明度 3 级，碱消值 4.0 级，胶稠度 83 mm，直链淀粉含量 13.1%。

八、桃优香占

桃优香占为桃源县农业科学研究所等单位选育的籼型三系杂交中熟晚稻，适宜在湖南省稻瘟病轻发区作双季晚稻种植。省区试结果：在湖南省作晚稻栽培，全生育期 113.4 天。株高 100.8 cm，株型适中，生长势旺，茎秆有韧性，分蘖能力强，剑叶直立，叶色青绿，叶鞘、秆尖紫红色，后期落色好。每亩有效穗数 22 万穗，每穗总粒数 119.5 粒，结实率 79.7%，千粒重 28.8 g。抗性：叶瘟 4.5 级，穗颈瘟 6.0 级，稻瘟病综合抗性指数 3.9，白叶枯病 7 级，稻曲病 1.8 级，耐低温能力中等。米质：糙米率 80.5%，精米率 71.5%，整精米率 63.3%，粒长 7.4 mm，长宽比 3.4，垩白粒率 20%，垩白度 1.6%，透明度 1 级，碱消值 7.0 级，胶稠度 60 mm，直链淀粉含量 17.0%。2013 年省区试平均亩产 509.93 kg，比对照岳优 9113 增产 4.28%，增产极显著。2014 年省区试平均亩产 576.45 kg，比对照增产 5.17%，增产极显著。两年区试平均亩产 543.19 kg，比对照增产 4.73%；日产量 4.79 kg，比对照高 3.75%。

九、泰优 390

泰优 390 为湖南金稻种业有限公司、广东省农业科学院水稻研究所选育的三系杂交迟熟晚稻。省区试结果：在湖南省作晚稻栽培，全生育期 118.5 天。株高 105.2 cm，株型适中，生长势强，植株整齐度一般，叶姿平展，叶鞘绿色，秆尖秆黄色，短顶芒，叶下禾，后期落色好。每亩有效穗数 20.25 万穗，每穗总粒数 149.55 粒，结实率 81.0%，千粒重 25.2 g。抗性：叶瘟 4.8 级，穗颈瘟

6.7 级，稻瘟病抗性综合指数 4.7，白叶枯病抗性 6 级，稻曲病抗性 6 级。耐低温能力中等。米质：糙米率 81.6%，精米率 73.2%，整精米率 66.5%，粒长 6.7 mm，长宽比 3.4，垩白粒率 7%，垩白度 1.0%，透明度 1 级，碱消值 7.0 级，胶稠度 70 mm，直链淀粉含量 17.6%。2011 年湖南省区试平均亩产 514.32 kg，比对照天优华占增产 1.94%，增产不显著。2012 年湖南省区试平均亩产 562.96 kg，比对照增产 4.39%，增产极显著。两年区试平均亩产 538.64 kg，比对照增产 3.17%；日产量 4.55 kg，比对照高 0.25 kg。

十、晶两优华占

晶两优华占是由袁隆平农业高科技股份有限公司、中国水稻研究所、湖南亚华种业科学研究院，用晶 4155S×华占选育而成的籼型两系杂交一季晚稻。省区试结果：在湖南省作一季晚稻栽培，全生育期 126.8 天。株高 120 cm，株型适中，生长势较强，植株整齐，分蘖力强，叶姿直立，叶鞘绿色，秆尖秆黄色，无芒，叶下禾，后期落色好。每亩有效穗数 19.4 万穗，每穗总粒数 172.7 粒，结实率 77.9%，千粒重 23.2 g。抗性：叶瘟 2.3 级，穗颈瘟 2.7 级，稻瘟病抗性综合指数 1.7，白叶枯病 6 级，稻曲病 3.5 级。耐高温能力中等，耐低温能力强。米质：糙米率 80.2%，精米率 73.3%，整精米率 66.2%，粒长 6.4 mm，长宽比 3.2，垩白粒率 19%，垩白度 4.5%，透明度 2 级，碱消值 6.5 级，胶稠度 85 mm，直链淀粉含量 15.4%。2013 年省区试平均亩产 587.77 kg，比对照增产 0.98%。2014 年省区试平均亩产 625.78 kg，比对照增产 3.41%。两年区试平均亩产 606.78 kg，比对照增产 2.20%；日产量 4.79 kg，比对照高 0.83%。

第二节　水稻栽培方法

中国是世界上水稻品种最早有文字记录的国家。《管子·地员》中记录了 10 个水稻品种的名称和它们适宜种植的土壤条件。早期水稻的种植主要是"火耕水耨"。东汉时水稻技术有所发展，南方已出现比较进步的耕地、插秧、收割等操作技术。唐代以后，南方稻田由于使用曲辕犁，从而提高了劳动效率和耕田质量，逐步形成一套适用于水田的耕—耙—耖整地技术。到南宋时期，《陈旉农书》中对于早稻田、晚稻田、山区低湿寒冷田和平原稻田等都已提出整地的具体标准和操作方法，整地技术日臻完善。为了保持稻田肥力，南方稻田早在 4 世纪时已实行冬季种植苕草，后发展为种植紫云英、蚕豆等绿肥作物。沿海棉区从明代起提倡稻、棉轮作，对水稻、棉花的增产和减轻病虫害都有一定的作用。历史上逐步形成的上述耕作制度，是中国稻区复种指数增加、粮食持续增产，而土壤肥力始终不衰的重要原因。目前从育秧与否来分，水稻栽培主要分为直播栽培和育秧栽培，其中育秧栽培又可分为手工移栽、机插和抛秧栽培。

一、直播栽培

水稻直播栽培是指在水稻栽培过程中省去育秧和移栽作业，在本田里直接播种、培育水稻的技术。与移栽水稻相比，具有省工、省力、省秧田，生育期短，高产高效等优点。适合大规模种植，因此，呈现出逐渐发展扩大的趋势。

1. 整地施肥

直播稻对整田要求较高，要做到早翻耕。耕翻时每公顷施腐熟的有机肥 11250 kg、高效复合肥 225 kg、碳铵 450 kg 作底肥。田面整平，高低落差不超过 3 cm，残茬物少。一般每隔 3 m 左右开 1

条畦沟，作为工作行，以便于施肥、打农药等田间管理。开好"三沟"，做到横沟、竖沟、围沟"三沟"相通，沟宽 0.2 m 左右、深 0.2~0.3 m，使田中排水、流水畅通，田面不积水。等泥浆沉实后，排干水，厢面晾晒 1~2 天后播种。

2. 种子处理

（1）晒种 选择发芽率 95% 以上的种子，薄薄地摊开在晒垫上，晒 1~2 天，做到勤翻，使种子干燥度一致。

（2）选种 晒种后，剔除混在种子中的草籽、杂质、秕粒、病粒等，选出粒饱、粒重一致的种子。再用食盐水选种，配制食盐水的方法是 10 kg 水加入 2~2.1 kg 食盐；将种子倒入配制的液体中进行漂洗，捞出上浮的秕粒、杂质等，然后用清水冲洗 3 遍。

（3）浸种 浸种的作用在于使种子吸足水分，发芽整齐，出苗早。将选好的种子先用 40 ℃的温清水浸种 12 小时，然后用石灰水 300 倍液浸种消毒 12 小时，或者用 0.3% 硫酸铜液浸种 48 小时；消毒后的种子用清水冲洗干净，再用清水浸种 2~3 天，浸泡过程中注意换水透气，等种子颖壳发白时将其捞出，沥去多余的水分。

（4）拌种 浸种后用种衣剂包种，用量为种子量的 0.2%~0.3%，然后阴干备用。

3. 播种

（1）播种时间 适时播种是一播全苗的关键技术。一般直播水稻比移栽水稻迟播 7~10 天，早稻直播适宜播种期为日平均气温稳定在 12 ℃以上，长江流域的播种时间为 4 月上中旬；双季晚稻直播期应在 7 月上中旬。

（2）播种量与播种方法 小面积种植，采用人工直播的方法既简单又方便。只要做到均匀播种就能获得均衡出苗生长的效果。常规稻直播每公顷大田播种量为 45~60 kg，用手直播比较容易。但杂交水稻种子每公顷用种量一般为 37.5~45 kg，用手直播难以做到均匀播种。为了播种均匀，可以将常规稻的稻谷炒熟，使其不能再发芽，然后均匀拌入杂交稻的种子内进行播种。有的地方还采用颗粒肥料代替炒熟的稻谷一起播种，效果也很好。如果种植面积较大，也可以采用水稻直播，调整好播种量后，直接进行播种。播种过程中要防止漏播和重复播种。

二、育秧栽培

育秧栽培方式主要有手工移栽、机插、抛秧栽培等方式。移植栽培主要推广机插和抛秧。

（一）机插秧技术

1. 水稻机插秧技术的优势

与传统人工插秧相比，机插秧的优点有以下三点：一是效率高。机插秧速度可达到人工插秧的 10 倍，显著缩短插秧时间，提高了水稻种植效率。二是减少育苗时间。机插秧的育苗时间基本为 25 天左右，比人工插秧育苗的时间短。三是占地面积少。研究显示机插秧占大田的近 1%，人工插秧占大田的 10%，使用机插秧可显著节省大田面积，节约占地面积，提高大田的利用率，同时机插秧采用的育苗方式占地面积小，提升土地利用效率。机插秧还具有插秧质量好，行宽可控等优点。通过控制水稻行宽，可以提高水稻的通风性，提高阳光的利用率，促进水稻根系生长，进而提高水稻质量。研究表明，机插秧的千粒重较人工插秧重，同时机插秧的水稻成熟时间早、穗大，与人工插秧相比，产量提高了 5% 左右，提高了农业经济效益。

2. 高产栽培要点

（1）适期播种，培育壮秧

1）适期播种。机插秧秧本比为 1∶100，播种密度大，秧苗根系在厚度为 2~2.5 cm 的薄土层中交织生长，秧龄弹性小，一般掌握在 18~20 天。机插面积大的，要根据插秧机种类、效率和机械数量，合理分批安排播种，确保秧苗适龄栽插。

2）适量精细播种。机插秧苗每亩用 25～28 盘，播 3～3.5 kg 稻种。盘底铺放 2～2.5 cm 底土，浸足水后，定量播种，一般每平方米播芽谷 900～940 g，折每盘 145～150 g。均匀撒盖种土，以盖没种子为宜，一般厚度为 0.3～0.5 cm。

3）控水旱育。机插育秧秧盘为平底塑盘，水的管理不当，极易造成秧苗窜高，窜根暴长，机插时根系植伤大，影响栽后爆发力。苗床覆膜盖草，揭膜前秧池排干水，揭膜后保持盘土湿润，严格控水旱育，有利于提高秧苗素质，培育壮秧。

4）化调化控。壮秧剂集营养、调酸、消毒、化控于一体，是塑盘旱育必不可少的专用制剂。使用时，先用少量营养土拌和，均匀撒于盘底，再上底土。使用后，秧苗粗壮，叶色深，绿叶数、带蘖率、鲜重、干重明显增加，秧苗素质好。

（2）精细耕整，科学栽稻

机插秧采用中小苗栽插，对大田耕整质量要求相对较高，必须精细耕整，达到上软下松，田面平整。

机手要掌握机械性能，熟悉操作程序，调整好技术参数，高质量搞好水稻栽插。为了提高机插质量，避免栽插过深或漂秧、倒秧，大田耕整平后须经过一段时间沉实。一般砂质土沉实一天左右，壤土沉实 1～2 天，黏土沉实 2～3 天，栽插深度掌握在 0.5～1 cm。

（3）根据生育特点，合理运筹肥水

机插水稻实现了定行、定深、定穴、定苗栽植，满足了水稻高产群体质量栽培中宽行、浅栽、稀植的要求。在大田生产中，要根据机插水稻分蘖节位低、分蘖势强、分蘖期长、成穗率低的生育特点，采取相应的肥水管理技术措施，促进早发稳长，走"小群体、壮个体、高积累"的高产栽培路子。

1）控制前期用氮量，增加后期用氮比例。近几年，机插秧的示范推广表明，机插秧具有很强的分蘖爆发力。在肥水运筹上实行

"前促、中控、后保"。前促早活棵分蘖，中控高峰苗，形成合理群体，后促保结合，形成大穗，有利于高产稳产。一般 650 kg 是目标产量，总投肥 20～25 kg 纯氮，氮：磷：钾比为 1：0.3：0.5，基：蘖：穗肥比为 3：3：4。前肥后移，有利于巩固分蘖攻大穗，提高成穗率。在肥料的施用上，基肥干耕干整，以水带肥，提高肥料利用率。分蘖肥早施，促早发。穗肥分次施，促花、保花、粒肥兼顾，促保结合，既可扩库，形成较多的总颖花数，又能强源畅流，形成较高的叶粒比，有利于巩固成穗数，提高结实率和千粒重，实现高产稳产。

2) 水浆管理是关键。一是坚持薄水栽插，浅水分蘖。机插结束后，要及时灌水护苗。活棵后浅水勤灌，以水调肥、以气促根，达到早发快发。二是适时适度搁田，控制高峰苗。在田间总茎蘖数达预期穗数 90％时，及早搁田。先轻搁，后重搁，搁田控蘖，搁田控氮，改善根际环境，控制高峰苗，形成合理群体。长势偏旺的田块，宜在达成穗数 80％时开始搁田；苗情较差的，可以适当推迟、带肥搁田。三是后期湿润灌溉，保持田面湿润，防止发生倒伏。

（二）抛秧栽培技术

水稻抛秧栽培技术是 20 世纪 60 年代在国外发展起来的一项新的水稻育苗移栽技术。它是采用钵体育苗盘或纸筒育出根部带有营养土块的、相互易于分散的水稻秧苗，或采用常规育秧方法育出秧苗后手工掰块分秧，然后将秧苗连同营养土一起均匀撒抛在空中，使其根部随重力落入田间定植的一种栽培方法。

1. 栽培技术

（1）育秧前准备　一是备足秧盘。每公顷选用 561 孔的秧盘525～600 张。二是秧田准备。秧田应选择避风向阳、土壤肥沃、结构良好、排灌方便、黏壤土或壤土的稻田或旱地、菜园。秧田与大田比为 1：40。秧田要施足基肥，要把细、整平、作厢。三是配制营养土。目前主要采用壮秧剂配制营养土育秧，没有壮秧剂的地方，也可以用复合肥或尿素配制营养土。

（2）种子处理　将谷种用清水预浸 6 小时左右，再用强氯精 500 倍液浸泡 35 小时左右，捞出后用清水洗净。

（3）整地　抛秧本田应达到"平、浅、烂、净"的标准，即田面平整、高低不过寸；水要浅，以现泥为好；土壤要上紧下松，软硬适中，田面无杂物。如果是黏泥田应在犁耙后沉淀 2～3 天，放干明水，抢晴抛栽；如果是沙质田块，则随犁随抛。

（4）播种　将种子均匀播在秧盘上，有条件的地方采用播种器播种。播种后将秧盘紧挨在秧床上排列，注意要把秧盘底部压入秧床，以保证各部分与秧床充分接触。在播种的秧床上撒一层营养土，营养土以刚好覆盖种子为宜。

（5）抛栽　左手提盘，右手抓起秧苗 8～10 蔸，轻轻抖散，泥团向上，用力向上抛 2～3 m 让其自由落下。根据田块面积和密度确定用秧盘数，先粗抛 2/3，余下 1/3 补稀。抛后每隔 3 m 拣出一条人行道，宽 30 cm。再用竹竿疏密补稀，做到全田大致均匀。

（6）苗期管理　主要抓苗期施肥和病虫害的预防。秧苗 1.5 叶时每公顷用尿素 300 g 兑水 30 kg 喷施；3.5 叶时每公顷用尿素 600 g 兑水 30 kg 喷施。苗期的主要病害为立枯病，待 2 叶 1 心时每公顷喷施敌克松 800～1000 倍液 45 kg。

（7）田间管理　浇水前期要遵循"浅水立苗、薄水促蘖、晒田控蘖"的原则。浅水立苗即抛秧 2～3 天不进水，以利于秧苗扎根；薄水促蘖即灌 2～3 cm 的水层，以利于促进有效分蘖；晒田控蘖即苗数足够时晒田，以利于控制无效分蘖。水分管理的后期遵循"深水孕穗、浅水灌浆、断水黄熟"的原则，即保持 5～10 cm 的水层以利于孕穗，保持 5 cm 水层以利于灌浆，黄熟时断水以利于籽粒成熟饱满。

抛秧一般不采用底肥"一道清"的施肥方法，因底肥过多，前期生长旺盛，群体过大，引起成穗率下降，后期脱肥又不利于形成大穗。一般每公顷施纯氮 150～180 kg、磷肥 75～90 kg、钾肥 120～150 kg。施肥方法是"前促、中控、后补",即底肥 60%～70%,分蘖肥 20%～25%,穗肥 10%～15%。

2. 注意事项

(1) 防烧芽　主要注意育秧剂(包括化肥)不过量,营养土要拌匀施匀,糊泥沉实后播种;壮秧剂育秧的必须"分层施肥,上下各半,分层装盘,隔层播种"。

(2) 防秧苗徒长　主要方法是用壮秧剂育秧,或用烯效唑浸种,适时喷施多效唑。

(3) 防浮秧　主要措施是坚持花泥(遮泥)水抛秧,大风大雨和深水情况下不抛秧。

(4) 防不匀　主要方法是坚持三步抛秧法,第一步抛 70%,第二步拣工作行,第三步抛剩下的 30%。

第三节　水稻需肥规律与施用方法

一、水稻需肥规律

水稻是需肥较多的作物之一,一般每生产稻谷 100 kg 需氮 (N)1.6～2.5 kg、磷 (P_2O_5) 0.8～1.2 kg、钾 (K_2O) 2.1～3.0 kg,氮:磷:钾的需肥比例大约为 2:1:3。

水稻对氮素吸收高峰期在分蘖旺期和抽穗开花期;如果抽穗前供氮不足,就会造成籽粒营养减少,灌浆不足,降低稻米品质。

水稻对磷吸收最多时期在分蘖至幼穗分化期。磷肥能促进根系发育和养分吸收,增强分蘖,增加淀粉合成,促进籽粒充实。

水稻对钾吸收最多的时期在穗分化至抽穗开花期,其次在分蘖至穗分化期。钾是淀粉、纤维素的合成和体内运输时必需的营养,能提高根的活力、延缓叶片衰老、增强抗病虫害的能力。

二、科学施肥技术

(一) 施足基肥

开展稻鳖共生的稻田在秧苗移栽前要施足基肥，基肥品种以有机肥为好，最好是饼肥，时效长，效果好。一般可每亩施人粪尿250～500 kg，饼肥150～200 kg，缺少有机肥的地区也可用无机肥补充，总施用量以基本保证水稻全生育期的生长需要为宜。

(二) 少施追肥

开展稻鳖共生的稻田，由于鳖的排泄物及残饵含有丰富的氮、磷等营养元素，可作为缓释肥被水稻吸收利用。如养殖容量合理（50 kg/亩左右），可基本满足水稻生育期营养需要。如鳖产量较低（30 kg/亩以下），一般全年生育期追肥1～2次，每次每亩用尿素2.5 kg左右。

第六章 稻田养殖中华鳖实用技术

第一节 稻田前期准备

一、稻田施肥与平整

初次养鳖的稻田，按照"施足基肥、少施追肥"的原则，一般每亩施人粪尿 100～250 kg，饼肥 50～100 kg，确保化肥使用量与同等条件下水稻单作相比减少50%以上。首先将肥料均匀泼洒在田面上，利用旋耕机犁耕，然后注水泡田。待稻田泡透后，进行提浆、整平，保持田面水位 3～5 cm，等待移栽秧苗。通过大量施用堆肥和栏肥等腐熟有机肥来肥沃土壤，提高土壤有机质含量，改良土壤团粒结构，促进根系生长，实现水稻的可持续发展。

二、稻田鳖沟、鳖溜消毒

为杀灭稻田内有害生物和净化水质，中华鳖苗种放养前半个月，稻田清除杂物并暴晒后，按每亩 50～100 kg 的标准用生石灰调水，对稻田进行消毒处理。鳖沟、鳖溜采用生石灰干法消毒，方法是先排出鳖沟、鳖溜中的大部分水后留水 15 cm 左右，以鳖沟、鳖溜面积计算每亩用生石灰 150 kg 化水泼洒杀菌消毒，杀灭致病菌和其他有害生物，然后经过 7 天的暴晒后注入新水，水深 50～80 cm。

三、水草种植与螺蛳移植

在环形沟四角的田埂坡上种植藤蔓性植物，如丝瓜、佛手瓜、葡萄等藤蔓果蔬，用于遮阴，以避免阳光直射，影响中华鳖的正常生长。在稻田消毒7～10天后，在环形沟内移植适量的水花生、轮叶黑藻等植物，移植面积占环形沟面积的25%。同时在清明节前后，向田间沟内投放活螺，每亩环沟投放100～200 kg，不定期追加投入，同时可投放适量泥鳅与河蚌，既可净化水质，又能为中华鳖提供丰富的天然饵料。

第二节　水稻栽培与日常管理

一、水稻栽培

（一）育苗

按照第五章中适合湖南栽培的10个品种中，选择抗病、抗倒伏的优质水稻品种进行播种育秧。根据实际情况选择直播栽培或者育秧栽培的水稻栽培方法。稻鳖综合种养的水稻一般选择单季稻品种，其水稻播种时间在5月中下旬，播种时间的原则是直播水稻比移栽水稻迟播种7～10天。直播栽培方法是将直播水稻种子直接播撒到准备好的稻田中，均匀播撒。育秧栽培方法中，抛秧和机插秧的育苗时间为25天左右，人工插秧的育苗时间应在30～35天，从苗床取秧后应尽快移栽到准备好的稻田中。

（二）移栽

选择天气晴好无风时进行移栽，稻鳖综合种养中水稻比单种水稻的密度要稀疏。常规稻直播每公顷大田播种量少于45～60 kg，杂交水稻种子每公顷用种量少于37.5～45 kg；采用人工栽插或者机器栽插，采取宽窄行交替栽插的方法种植水稻，宽行行距为

40 cm，窄行行距为 20 cm，株距为 18 cm，每丛栽插 1 株，杂交籼稻每亩插 0.7 万～1.0 万丛，杂交粳稻和常规粳稻每亩插 1.0 万～1.2 万丛，田埂周围和鳖沟、鳖溜两旁应适当密植，弥补鳖沟、鳖溜占用的面积。稀植将使秧苗生长空间变大，从而产生更多的分蘖，并促使根系发达，能更好地从土壤中吸取养分。

二、水稻灌水与晒田管理

（一）灌水管理

水稻生育期大部分时间都需要灌水，仅在成熟待收获时不需要灌水。水稻合理灌溉的原则是：深水返青，浅水分蘖，有水壮苞，干湿壮籽。

1. 深水返青

水稻移栽后，根系受到极大损伤，吸收水分的能力大大减弱，这时如果田中缺水，就会造成稻根吸收水分的能力大大减弱，吸收的水分少，叶片丧失的水分多，导致入不敷出。轻则返青期延长，重则卷叶死苗。因此，禾苗移栽后必须深水返青，以防生理失水，以便提早返青，减少死苗。但是，深水返青并不是灌水越深越好，一般 3～4 cm 即可。

2. 浅水分蘖

分蘖期如果灌水过深，土壤缺氧闭气，养分分解慢，稻株基部光照弱，对分蘖不利。但分蘖期也不能没有水层。一般应灌1.5 cm 深的浅水层，并做到"后水不见前水"，以利协调土壤中水肥气热的矛盾。

3. 有水壮苞

稻穗形成期间，是水稻一生中需水最多的时期，特别是减数分裂期，对水分的反应更加敏感。这时如果缺水，会使颖花退化，造成穗短、粒少、空壳多。所以，水稻孕穗到抽穗期间，一定要维持田间有 3 cm 左右的水层，保花增粒。

4. 干湿壮籽

水稻抽穗扬花以后，叶片停止长大，茎叶不再伸长，颖花发育完成，禾苗需水量减少。为了加强田间透气，减少病害发生，提高根系活力，防止叶片早衰，促进茎秆健壮，应采取干干湿湿，以湿为主的管水方法，达到以水调气、以气养根、以根保叶、以叶壮籽的目的。

（二）晒田管理

晒田也叫"烤田"或"晾田"，晒田的轻重程度和方法要根据土壤、施肥和水稻长势等情况而定，要有灵活性，要因地制宜，适时、适度，关键在"五看"。

1. 看苗晾田　茎数足、叶色浓、长势旺盛的稻田要早晾田、重晾田，反之应迟晾田和轻晾田；禾苗长势一般，茎数不足、叶片色泽不十分浓绿的，采取中晾、轻晾或不晾。

2. 看土质晾田　肥田、低洼田、冷凉田宜重晾田，反之，瘦田、高坑田应轻晾田。碱性重的田可轻晾或不晾。土壤渗漏能力强的稻田，采取间歇灌溉方式，一般不必晾田。稻草还田，施入大量有机肥，发生强烈还原作用的稻田必须晾田。

3. 看天气晾田　晴天气温高、蒸发蒸腾量大，晾田时间宜短，天气阴雨要早晾，时间要长些。晾田要求排灌迅速，既能晾得彻底，又能灌得及时。但要注意若晾田期间遇到连续降雨，应疏通排水，及时将雨水排出，不积水。晾田后复水时，不宜马上深灌、连续淹水，要采取间歇灌溉，逐渐建立水层。

4. 看肥力晾田　对于施肥过多，长势比较旺盛的稻田要适时晾田。

5. 看水源情况晾田　地势低洼，地下水位高，排水不良，7～8月出现冒泡现象的烂泥田必须晾田。

第三节　鳖苗的放养与日常管理

一、鳖苗选择

苗种是养殖生产的前提和保证，要健康持续发展鳖养殖业，必须有稳定的苗种来源。养殖户尽可能选择自繁、自育的中华鳖苗种，自繁、自育的方法参照第二章介绍的技术进行。

对无繁育基础的养殖户可考虑购买。购买时一定要在国家认可的良种场选购，切不可图便宜随意购买，选择抗病力强、病害少、适应性强、有较强生长优势的中华幼鳖，而且幼鳖苗种要求规格整齐、大小一致，体色正常、体表光亮，体质活泼健壮，无外伤和病残，能快速翻转，苗种检验检疫合格，以便均匀吃食，防止争食。

二、幼鳖放养密度

幼鳖苗种在水稻插秧前、后均可放养，在水稻插秧前放养一般选择在 4 月上旬，插秧时将鳖集中在鳖沟、鳖溜内，在内田埂上插入挡板，待水稻返青后再将挡板移走，让中华鳖自由进出稻田。每亩放养体质健壮且大小基本一致的中华鳖。一般放养密度为：鳖苗规格 420 g/只左右放养 200 只/亩，200～400 g/只的幼鳖放养 300 只/亩，2 龄以上 50～100 g/只的鳖苗放养 400～600 只/亩，且雌雄比例以（4～5）：1 为宜。稻鳖共生养殖对中华鳖来说类似于野生状态，为了在水面封冻前达到较大的上市规格，幼鳖苗种最好选择大规格投放。

三、放养方法

在水稻插秧后 15～20 天放养鳖苗种，选择天气晴好的中午，将装有幼鳖的箱或筐轻轻放到水边，让幼鳖自行爬入水中。放养前，幼鳖苗种须用 3％～4％食盐溶液浸浴 5～10 分钟或用 10～20 mg/L高锰酸钾溶液浸洗 10～15 分钟，以杀灭幼鳖体表所携带的病原菌及寄生虫。放养时，水温温差不能超过 2 ℃，以利于提高幼鳖苗种的成活率。土池培育的幼鳖应在 5 月中下旬的晴天投放，温室培育的幼鳖应在秧苗栽插后的 6 月中旬投放。

为了充分利用水体空间和天然饵料，提高水体利用率，增加经济收入，又能充分利用水体生物循环，保持水体生态系统的动态平衡，维持良好水质，减少发病率，提高产品质量，同时搭配放养一定数量的鱼苗。草鱼放养数量为 100 尾/亩（规格 150～200 g/尾），同时搭配白鲢，放养数量为 20～30 尾/亩（规格 250 g/尾）。

四、饵料及饲料投喂

中华鳖为偏肉食性的杂食性动物，食性范围广，尤爱食小鱼、小虾、螺蚬肉等天然动物鲜活饵料。根据中华鳖的生理需求，选择营养丰富、消化吸收率高、适口性好的优质颗粒饲料种类或者粉状饲料种类作为配合饲料，以新鲜小鱼虾、鲜鱼肉及一些动物内脏杀菌消毒后为辅助饲料，加上稻田水体中的自然生物饵料及投放的螺蛳、泥鳅和河蚌等，作为中华鳖的营养来源搭配投喂，做到科学合理投饵。

1. 饲料和饵料制作

中华鳖饲料的配合制造，并不是简单的混合，而是根据各类饲料的特性和中华鳖适口性进行科学制作。配合饲料配制方法依据第三章的内容进行精细配制。在稻鳖实际生产中，如果是粉状配合饲料，一般是配合饲料：鱼浆（肉浆）＝1∶1 的比例均匀混合后进行投喂。首先，将新鲜小鱼虾、鲜鱼肉及一些动物内脏杀菌消毒后，加 0.1％～0.3％食盐后用绞肉机打成鱼浆或肉浆，使其中盐溶性蛋白肌球蛋白溶解出来所形成的黏稠糊状物，作为生产中华鳖配合饲料的黏结剂，也是饲料中蛋白质的来源。然后将该鱼浆或肉浆与配合饲料按照 1∶1 的比例充分拌匀，制成团状饲料。饲料要求现做现喂，绝不喂隔餐料。如果是颗粒饲料，则直接投喂。

2. 投喂管理

中华鳖的投喂按"四定"原则进行：

1）定质　以品牌全价配合饲料为主，兼食水体中天然饵料及田里的螺、草等；投喂饲料根据不同季节的水温情况而定，夏季高温应多投喂含蛋白质多的饲料，秋季水温低，应多投喂脂肪略多的饲料。

2）定量　夏季至秋末，中华鳖生长速度快，投喂量应占全年的 70%～80%，投饵量一般为体重的 2%～5%，原则上以投喂饲料在 1～2 小时吃完为宜。同时还要根据天气、水温及摄食情况投喂，在正常天气情况下水温 25～28 ℃时以体重的 1.2% 投喂，水温 29 ℃以上以体重的 1.5% 投喂，不良天气看实际吃食情况灵活增减。

3）定时　日投饵 2 次，1 小时内吃完为宜；日投饵 3 次，0.5～1.0 小时内吃完为宜。时间为每天上午 8～9 时、下午 5～6 时，投喂量要合理，过少会影响中华鳖的生长，过多则造成浪费。投喂时，还要保持中华鳖稻田周围环境安静。采取投饵与防病相结合的方法，以减少中华鳖病害。在饲料中加入 0.03% 维生素 E、0.05% 维生素 C、0.1% 免疫多糖，可大大增强中华鳖的抗病能力。

4）定点　投喂在食台上。此外还要经常清洗食台，清除残饵和有病的中华鳖。每天早晚巡田，并做好巡田记录，发现问题及时处理。

五、水位水质管理

（一）水位管理

稻＋鳖生态共生健康养殖，两者对水的需求变化，在某个环节上是养殖过程的主要矛盾，所以水位调节以满足水稻不同生长期需要而不影响中华鳖养殖为原则。水稻活苗后，水稻田面水位 5 cm，沟内不超过防护田埂，水稻返青分蘖、投入鳖苗一周后保持稻田中正常水位 10 cm 左右，高温季节增加到 20 cm。收割前 15 天晒田，晒田期间，降低水位，但环形沟内水深应保持在 80 cm 左右。除晒田外，环形沟水位都需在 120 cm 以上，大田水位在 20 cm 以上。

（二）水质管理

养殖期间，定期进行水体消毒并改善水质，当水体 pH 值大于 8.0，选用漂白粉全池泼洒消毒，pH 值低于 7.0 时，选用生石灰（15 kg/亩）化浆泼洒消毒水体。水体消毒 7 天后，全池泼洒光合细菌、EM 菌、芽胞杆菌等微生物制剂，减少水体有毒有害物质。高温季节或水色过浓时，应及时换水，每次换水量为 20 cm 左右，水体透明度保持 20～30 cm。水稻可吸收水中的氨氮、亚硝酸盐等，以起到净化水质的作用。如果中华鳖要在稻田中越冬，则待水稻收割后加深水位至高于田面 30cm，保持到来年水稻移栽，起到"夏秋为田，冬春为塘"的作用。

六、日常管理

日常管理是稻田养好中华鳖最重要的环节。因此，要做到每天早晚巡田 2 次。一是观察中华鳖吃食情况，适时调整投喂量，及时清除残渣剩饵、生物尸体和鳖沟、鳖溜内的漂浮物。二是确保水位水质稳定，注意中华鳖沟、中华鳖溜和稻田水位变化情况，特别是持续降雨期要及时排水，干旱期要及时补充新水，在不影响水稻生长的情况下，可适当加深稻田水位，随时注意中华鳖沟、中华鳖溜水质情况，常排换水，疏通沟。三是检查防逃设施、田埂、进排水闸是否有损坏或漏洞，如发现有损坏或漏洞，应及时修补。四是要做好防鼠防害、防盗防偷，因为鼠、蚊、蚂蚁、猫、黄鼬、鹰等对中华鳖卵和中华幼鳖危害较大，是中华鳖的天敌。五是保持周围环境安静，清除各种惊扰，禁止闲杂人员进入，为中华鳖的生长营造良好的环境。六是做好养中华鳖稻田与对照稻田的日常生产记录。

七、生态防控

稻＋中华鳖种养模式具有显著的生态防控作用。对水稻而言，首先中华鳖是稻田的主要害虫如二化螟幼虫、三化螟幼虫、稻飞虱等的天敌，同时中华鳖在田间活动，可将虫卵或霉菌孢子震荡下来，同时在稻田安装频振式杀虫灯、诱蛾灯等，诱杀害虫，掉落的害虫可供中华鳖食用，中华鳖对害虫的捕食起到了保护水稻的作用。其次，中华鳖的排泄物和剩余的饲料为水稻提供了有机肥料。再次，中华鳖在稻田里爬动翻松泥土，增加氧含量，促使土壤中有机物分解成无机盐被水稻吸收利用，有利于减少病害发生，因此水稻基本不用喷施农药。对中华鳖而言，稻田环境一方面为其提供了天然饵料来源，在营养需求上能满足中华鳖生长需要；另一方面改良了中华鳖的微生态环境，使中华鳖抗病力增强，生长速度明显加快。水稻的生长又为中华鳖提供了良好的生活环境，水稻不施肥，水质得到了很好的改善，这样既保证了水稻的产量和品质，又保证了中华鳖的产量和品质，从而形成良性的生态循环。

在生产过程中，如果出现水稻病虫害或者中华鳖病害情况，则按照第七章内容进行防治。

第四节　收获、捕捞与运输

一、水稻收获

（一）水稻收获最佳时期

稻谷的蜡熟末期至完熟初期，表现为稻穗下垂，稻谷植株大部分叶片由绿变黄，稻穗失去绿色，穗中部变成黄色，稻粒饱满，籽粒坚硬并变成金黄色，即95％稻粒达到完熟时收获。水稻秸秆还田利用。

（二）水稻收获方式

水稻成熟一般在 10 月下旬，使用收割机沿预留机械作业通道进入稻田进行收割。收割前，田间存水放干，中华鳖会自动转移至中华鳖沟或中华鳖溜内，不影响收割。

人工收获：适合倒伏水稻收获，收获完的水稻水分降低到 16％时，码成小垛防止干湿交替，增加裂纹米，降低出米率。

机械收获：水稻水分降到 16％以下适时进行机械大面积收获。

（三）稻谷贮藏

收获后的稻谷含水量往往偏高，为防止发热、霉变，产生黄曲霉，应及时将稻谷摊于晒场上或水泥地上晾晒 2～4 天，使其含水量降到 14％，然后入仓。

谷子的贮藏方法有两种：一是干燥贮藏，在干燥、通风、低温的情况下，谷子可以长期保存不变质；二是密闭贮藏，将贮藏用具及谷子进行干燥，使干燥的谷粒处于与外界环境条件相隔绝的情况下进行保存。

二、中华鳖捕捞

（一）捕捞准备

10 月中下旬，收割前将稻田中中华鳖驱赶进鳖沟或鳖溜内，避免机械压伤，待水稻收割完毕后陆续抓捕中华鳖进行销售。当中华鳖达到上市规格（规格为 500～750 g/只）时，要及时捕捞上市，未达到上市规格的，可加深稻田水位继续养殖，或将中华鳖转入越冬池塘继续养殖。水温降至 18 ℃以下时，养殖中华鳖可停止投饵，且捕捞前 10～12 天应停用任何药物。

（二）捕捞方式

1. 集中捕捞

集中收获稻田里的中华鳖通常采用干田法，即先将稻田的水排干，等到夜间稻田的中华鳖会自动爬出淤泥，这时可以用灯光照捕。一般可一次捕尽。

2. 平时捕捉

（1）徒手捕捉法　可沿稻田边沿巡查，当中华鳖受惊潜入水底后，水会冒出气泡，沿着气泡的位置潜摸，即可捕捉到，或者夜间中华鳖爬到岸上栖息、活动时也可用灯光照射，使它一时目眩用手捕捉。

（2）诱捕法　捕捞时间在水稻收割前后，根据市场行情，诱捕够规格的中华鳖及时上市。诱捕采用倒须笼，如第二天有人要买中华鳖，当天晚上就可把诱捕笼下在食台边的鳖沟或鳖溜里。

（3）网捕法　网具与渔具相似，只是网眼不同，规格大，网衣较高。操作时动作要轻巧迅速，以防中华鳖逃走或钻入泥沙，撒网同撒渔网一样用力分散网具。也可在中华鳖晒背或吃食时，用网局部围捕。

（4）中华鳖枪捕捞法　使用一种称作"中华鳖枪"的专用工具，准确判断和寻找中华鳖在水底的位置，以适当的提前量，使串钩在水底因涮的快速移动，让钩在运动中划过中华鳖身体时将中华鳖带翻，随着其四肢的划动和挣扎，两个向内微微折进的钩尖便深深掐紧中华鳖身体进行捕捞。

三、中华鳖的包装和运输

商品鳖在销售过程中要进行包装、运输与贮存，根据季节和运输路途长短采取不同的包装与运输方式。

（一）包装

活鳖常用包装方法：小布袋、麻袋包装，1只小布袋装1只鳖，扎紧袋口，然后平放装入麻袋，叠放不宜超过2层，扎紧袋口，途中经常淋水，保持一定湿度，保证呼吸通畅；塑料盒、纸袋包装，装运前，食品级塑料盒铺上冰袋，装入一只活鳖，固紧封盖，装入纸袋，每个纸袋装 2 盒。

包装容器：包装容器有小布袋、麻袋、竹筐、木箱、木桶、塑料箱、塑料桶等，应坚固、洁净、无毒、无异味，并具有良好的透气、排水条件，箱内垫充物应清洗、消毒、无污染。

（二）运输方式

活鳖运输宜用冷藏运输车或其他有降温装置的运输设备。常见的运输方式有下列两种：

1. 运输桶　运输桶长约 0.9 m，高约 0.6 m，宽约 0.6 m，桶底钻几个滤水孔，在距桶底 1/3 处装一隔板，将桶分成两层，下层装鳖，上层放冰块，以降低运输桶的温度。

2. 分隔运输　天气炎热，路程较远时，宜采用分隔运输法。分隔运输可用箱或袋。箱内分成若干小格，格的大小根据鳖规格来定，一格装一只活鳖，箱壁、箱底钻有若干滤水孔，格内铺些水草，装鳖后，上面再放些水草，然后再盖箱盖，箱盖钻若干个小孔，以便途中淋水和通气。箱盖要钉牢，防鳖逃逸。袋装分隔运输，即将单独装袋鳖进行装袋运输。分隔运输避免了鳖与鳖之间相互撕咬，提高成活率，运输量也较大。

（三）运输注意事项

要提高鳖运输的成活率，除了选用合适的运输途径外，运输途中还应注意以下问题：

（1）运输前应停食 1～2 天，长途运输中须定期清除排泄物，夏天高温季节运输时，每天清除箱内污染物。

（2）包装容器内部平整光滑，使用前用漂白粉、高锰酸钾溶液等进行消毒。

（3）运输途中，随时检查运输包装的情况，一般每隔数小时淋水一次，使运输工具和整体保持湿润。

（4）到目的地后，将包装放在阴凉处敞开，把鳖移入木盆内用 2%～3% 盐水进行消毒。

（四）贮存

活鳖可在洁净、无毒、无异味的水泥池、水族箱等水体中充氧暂养，水质应符合《无公害食品　淡水养殖用水水质》（NY5051）的规定。或放在 4 ℃冰箱中进行人工冬眠贮存。贮存过程中轻拿轻放，避免挤压与碰撞，并严防蚊虫叮咬和暴晒。

第五节　生产记录

一、日志填写

每天按时巡田，发现问题，及时解决，并填写生产日志。如观察食台，了解吃食情况，确定下餐投饵量，然后观察田中中华鳖活动是否正常，田内有无病中华鳖、死中华鳖，最后观察水色、测量水温（室温）。如发现有明显异常时，及时测量 pH、溶解氧。

二、档案管理

做好生产管理记录，包括记录时间、天气、编号、面积、稻种和苗种投放记录、水质监测记录、投饵记录、用药记录、捕捞记录、稻谷收割记录、产品销售记录，记录内容要求详细完整准确。记录表格包括：《稻鳖综合种养生产记录》《稻鳖综合种养施肥用药记录》《稻鳖综合种养产品销售记录》等。

三、质量控制

建立生产投入品采购、保管和使用规章制度。采购生产投入品来源于合法生产企业，并按照《农药管理条例》《饲料和饲料添加剂管理条例》规定使用符合国家标准的农药和饲料。不使用冰鲜（冻）饵料直接投喂。无使用禁用药品行为。在生产过程中要实行农田全程视频监控。

四、内部管理

内部管理制度要健全，张贴重要的管理制度、技术规程等。定期对职工或成员进行相关技术培训。要有稻鳖综合种养专职技术人员或技术支撑单位。

五、产品追溯

要建立产品可追溯制度。销售农产品附带《产品标签》或者《使用农产品合格证》，内容完整准确。

所有记录应装订成册并归档保存两年以上。

第七章　常见病害的防控

第一节　疾病的发生及诊断

一、病因

病因就是导致机体疾病发生的原因，它能扰乱机体正常生理活动，致使机体新陈代谢紊乱，引起机体病理变化。病因主要有以下几个方面：

（一）环境因素

机体的生存离不开外周环境，机体的生命活动取决于机体和环境的相互作用。中华鳖对环境的改变有一定的适应和耐受能力，但如果环境的变化幅度超过机体正常适应范围和能力，容易导致机体功能出现紊乱，诱发疾病；鳖田结构设计不合理，导致环境条件难以调控，如采光性能不好，排污设施结构等不符合鳖体生长的最适要求，周围环境吵闹，导致鳖体长期处于应激状态，机体免疫功能下降，易患病；鳖生活的水体环境对其健康程度也有很大的影响，水体溶氧偏低，有机物过多，pH 值过低，水体透明度过高或过低，尤其稻田养殖时水温变化幅度过大等一系列的水质变化情况均能对鳖体造成一定的不利影响，诱发疾病，甚至造成慢性中毒或死亡。

（二）人为因素

稻田养殖过程中，如不能提供充足的营养物质，就会影响鳖的生存、生长和生殖，从而发生疾病。如投喂蛋白质成分比例不够的饲料，中华鳖易患萎瘪病，缺乏维生素则会出现各种神经症状异常和代谢紊乱病症，饲料中缺乏钙、磷等元素时，鳖体会出现畸形。某种营养物质过多时，对鳖体也有不利影响。饲料中脂肪过多，鳖体极易患脂肪肝而影响生长等；鳖体运输、放养或分养等各个生产环节中的不慎操作，造成鳖体损伤，容易引发鳖体的疾病发生。养殖水质恶化，病原菌大量繁殖，鳖容易患病。

（三）机体因素

机体本身免疫能力与机体的种类、年龄、性别、健康状况等密切相关。选择优良品质中华鳖为养殖对象，对不同年龄阶段中华鳖采取不同的科学管理措施，能有效地预防疾病的发生。

（四）病原体因素

病原体决定疾病的发生和基本特征，在疾病中起着主要作用，可分为生物病原和非生物病原。生物病原是由生物因素引起疾病的病原体，而非生物病原是由非生物因素引起疾病的病原体。

二、诊断方法

多数疾病一般是个别动物先发病，其后发病数量逐步增多，范围逐步扩大。因此，养殖户必须定期巡田，仔细观察，查看环境条件，关注水源、水质变化情况和鳖吃食、活动及体色等多个方面的情况。如有异常，立即采样进行检查和诊断，判断是否患病，并及时采取措施，防止大量死亡。鳖患病后，身体相应部位出现不同程度的病理变化，行为出现异常。为了正确地判断病情，有效地进行治疗，病理诊断主要有以下几个步骤。

（一）现场调查

水产技术人员调查发病稻田的水深、水温、水色、透明度、溶解氧、水体放养模式、投喂饲料种类、质量、来源、投饲量、投饲方式与养殖动物摄食情况，养殖水体注换水、消毒等情况。观察鳖的行为是否异常，查看管理日志，有助于查找病因。

（二）临床检查

临床检查就是利用人的感官或借助一些放大镜、剪刀、镊子、pH 试纸等便于携带的简易器械对异常个体进行宏观检查。被检查个体必须新鲜，病理症状明显，检查数量 5～10 尾，以保证检查结果的可靠性。

用于病害诊断的样本必须是刚死或活的个体，并要求保持鳖体湿润。死亡过久的样本，各组织器官腐烂变质，病理症状难以辨别，病原体形状也往往发生改变。体表干燥，体表寄生虫容易死亡或崩解，有些病理症状也变得不明显，甚至无法辨认。

病鳖检查的常用方法有目检和镜检。目检就是用肉眼仔细检查病鳖体表及内脏，查看皮肤、四肢、眼睛、口鼻、颈部等各部位是否有病理特征；解剖内脏，查看是否有腹水、大型寄生虫及各内脏器官的病变。镜检是用显微镜对目检无法看到的病原体进行进一步的确诊。检查寄生虫时可直接压片观察，其他病原体可取病灶组织或黏液、腹水、血液、病变器官等进行涂片、染色观察。

1. 目检体表

水产技术工作人员通过眼睛观察患病个体表现出的种种不正常活动、体表及内脏一些病变情况来进行初步判断。

检查体表，把样本放在解剖盘内，查看背腹部、四肢、眼睛、口鼻、颈部等各部位是否有病理特征，观察一切明显的或可能的病象。例如，是否有擦伤或者腐烂，是否长水霉与白斑，体表有无黏附着肉眼可见的寄生物。

2. 目检内脏器官

目检样本体表后，解剖内脏，查看是否有腹水、大型寄生虫及各内脏器官的病变。仔细观察肠、肝脏、胆囊、脾脏等有无肿大、萎缩、硬化、出血、包囊和腹水（如果是患病严重，体腔内往往有许多脓血状液体，叫作腹水），然后用剪刀取出内脏，放在解剖盘上，逐个分开各器官，依次进行检查。

（1）目检顺序

目检样本时，通常按照如下的顺序进行：a. 背腹部；b. 眼睛；c. 鼻腔；d. 口腔；e. 腹腔；f. 脂肪组织；g. 消化道；h. 肝脏；i. 脾脏；j. 胆囊；k. 心脏；l. 肾脏；m. 膀胱；n. 性腺；o. 头；p. 脊髓；q. 肌肉。如果用肉眼无法判断时，可用镜检；如仍然无法判断，则把这部分组织剪下保存起来，以便进一步做病理检查（如果器官不大，则整个保存）。

（2）注意事项

1）解剖患病个体时，在操作上要特别的小心，不要把器官的外壁弄破，避免病原体的迁移，导致无法确定病原体的寄生部位，影响对疾病的正确诊断。

2）同一患病个体，不同组织器官间，或不同患病个体间，解剖工具不宜共用，要清洗干净后才可以用于其他部位或其他个体。

3）检查每一个组织器官，先用肉眼仔细观察外部，如果发现有病原体，拣出病灶或病原体，放到预先准备好的器皿里，并详细记录。如果肉眼无法判断时，可用镜检；如仍然无法判断时，可把病理组织剪下保存起来，以便进一步检查。

3. 镜检

镜检是用显微镜、解剖镜、放大镜等设备对目检无法看到的病原体进行进一步的确诊。根据患病鳖的异常特征，有针对性地取样，进行组织涂片、压片或切片染色观察，检查组织血细胞种类与数量是否异常，检查组织是否有寄生虫，是否受损或变性等病理特征。有必要时，可进行电子显微镜检查。

（1）组织压片　压片是最常用的制片技术之一。在洁净的载玻片上加一滴蒸馏水，用镊子取少许待检组织，置于水滴中央，用镊子轻轻分离组织，用一洁净盖玻片的一端与待检样品的水滴边缘接触，然后缓慢放入盖玻片，覆盖整个待检组织，放于显微镜或解剖镜下观察。压片时注意不要出现气泡。

（2）组织涂片　将体外接触到生活水体的脖子、腿部用弯头镊子刮取黏液，放在滴有水的载玻片上，涂抹均匀，染色，显微镜下观察；将体内各组织、器官用弯头镊子取少部分，放在滴有生理盐水的载玻片上，涂抹均匀，染色，显微镜下观察。

（3）组织切片　切片技术在水生动物疾病诊断方面应用较少，更多应用于组织病变观察。组织切片要经过固定、脱水、包埋、透明、切片、脱蜡、染色等一系列过程，通常要 3～4 天，且需要切片机等设备。如遇需要切片的样品，宜采集小块待检组织，用10％福尔马林、波恩氏液固定，委托相关部门进行切片和观察。

4. 水体或饲料分析

如怀疑是中毒或营养不良引起的疾病，水产技术人员可采取稻田水和投饲的饲料，送往具有检测资质的检测部门进行养殖水体常规水质指标检查、饲料营养成分和重金属等有毒有害物质检测分析，为进一步诊断提供依据。

5. 确诊

根据现场调查和病鳖的目检、镜检结果，结合各种病害流行季节和中华鳖各阶段的发病规律，进行综合比较分析，找出病因，确定病害种类，开具治疗方案与处方。如病理症状不明显，病害难以确诊的，可保存好样本，送往相关实验室做进一步检查。

第二节　生态防控及施药技术

由于中华鳖生活在稻田里，生病往往比池塘养殖少，但一旦发病，不如陆生动物如猪、羊生病时那样容易被发现，一般等发现中华鳖生病时都较为严重了。再者中华鳖给药方法也不如治疗陆生动物容易，如全稻沟泼洒，用药量大，成本高，且有一定的毒性。拌饵投喂，生病严重的中华鳖不开口吃食，难达到治疗效果。因此，一定要坚持预防为主，防治结合的原则，树立防重于治的观念。

由病原引起的疾病，是病原、机体和环境条件三者相互影响的结果，因此，疾病的预防就可以从这三个方面下手。

一、生态环境条件的改善和优化

（一）合理放养

稻田养殖过程中，养殖水体小，所以应保持适宜的放养密度，充分利用水体和改良水体环境，防止水体老化和恶化，维持水质稳定与生态平衡，保持有益生物的优势地位，抑制有害生物生长。同时合理搭配混养鱼类，防止抢食、抢水体空间。

（二）科学管理养殖水质

中华鳖为了维持生命活动而适应环境中异常、不良环境因子，从而引起机体非特异性、生理性紧张反应，导致机体免疫力低下，极易继发多种疾病。因此，通过定期和不定期地检测稻田养殖水质温度、氨氮、硫化物、硝酸盐氮、pH值等参数，了解水体动态变化，及时进行调节，尽量维持水体的稳定，减少应激反应，满足中华鳖生长发育要求。

稻田水质和水温对鳖的生长发育影响很大，所以要注意观察水色，分析水质，及时加注新水，适当控制水位，减少温差。除水稻晒田期间外，前期要求稻田水深保持在5cm以上，中后期应保持在10～15 cm。高温季节，在不影响水稻生长的情况下，每天视水深及时调补，最好每隔3～5天换水一次，每次换水量以不超过原水量的1/3为宜，如有条件采用微流水则养殖效果更好。

（三）使用水质改良剂

在稻田养殖过程中，由于稻田水体量少，又适量投喂饵料，水质极易变坏，因此及时排污换水、定期消毒和施加微生态制剂，改善和优化养殖水体环境，保持水质清新，有利于鳖的正常生长和发育。常用的水质改良剂有生石灰、过氧化钙、光合细菌、枯草芽胞杆菌、EM菌等。在养殖过程中，要定期选用二氧化氯制剂0.5～

1 mg/L、漂白粉 2～3 mg/L、强氯精 1～2 mg/L 或生石灰 15～40 mg/L进行全田泼洒消毒，施药 2～3 天后再全田泼洒 5 mg/L 光合菌制剂，能起到调节水质的作用，每月进行 1～2 次即可。同时每亩稻田可放适量鱼种，能起到较好的调节水质作用。

二、控制和消灭病原体

（一）使用无病原、无污染的水源水

水是水生动物养殖过程中病原体传入和蔓延的主要媒介物体。因此在进行稻田养殖过程中，应对稻田水源水进行周密考察，必须符合养殖水源水水质指标要求。如果条件允许的话，养殖用水尽可能地进行净化或消毒处理后再灌入稻田中，严防病原随水源带入。

水源水水质的优劣，直接影响中华鳖疾病发生率。因此，稻田养殖用的水源水必须远离工业、农业、医院和生活排污口，水量必须充足，水质必须清新、无污染，各种理化指标适宜中华鳖养殖。

（二）彻底消毒处理

稻田淤泥也是各种病原体潜藏和滋生的地方，消毒不彻底，直接影响到稻田鳖的生长和健康，导致疾病的发生。同时，稻田养殖过程中，中华鳖下田前的消毒、养殖生产工具和饲料的消毒处理不完全均有可能导致疾病的发生。因此，彻底消毒是预防稻田鳖疾病发生和减少流行病暴发的重要环节。

（1）稻田消毒　田块整理结束后，于中华鳖放养前 15 天每亩用 80～100 kg 生石灰兑水化浆后泼洒到鱼沟、田块中，以消灭病原、敌害生物。第二天用铁耙等工具将鱼沟、鱼溜及田块中的底泥与残留石灰浆混匀，5～7 天后注水。

（2）养殖生产工具消毒　每一块稻田配备专用工具一套，用漂白粉、二氧化氯、高锰酸钾等药剂溶液进行浸泡消毒或放置在强太阳光下暴晒消毒，一般一个月 1～2 次，以减少病原体交叉传播。

（3）饲料消毒　鲜活动植物饲料要求不腐烂、无污染和药残，配合饲料不霉变，质量符合《饲料卫生标准》（GB 13078）和《无公害食品　渔用配合饲料安全限量》（NY 5072）的规定要求。投喂的新鲜动、植物饵料先浸泡消毒，再用清水冲洗干净后投喂。

（4）鳖体消毒　放养的中华鳖要求自繁自养，建立相对稳定的生产体系，减少通过苗种带入病原体的机会。如需购买苗种时，购买非疫区、检验检疫合格的苗种，购进后单独饲养 2~3 周，确定无病后方可入田。苗种在下田前，用聚维酮碘、高锰酸钾、食盐等溶液进行消毒，切断病原体的传播途径。

（三）强化稻田中华鳖的检疫工作

必须遵守《中华人民共和国动物防疫法》，做好对稻田鳖输入和输出的检疫工作。对体表健康、无临床症状的稻田中华鳖，原则上每次采集具有代表性的中华鳖 2~5 只。对个体较大，无法采集整体时，由具有资质的上岗人员根据检测项目的不同要求对其进行适当处理，按照检测项目的检测依据采取合适的动物组织，4 ℃下封存。样品采集好，贴好标签，及时送往实验室检测，运输样品的工具要求清洁卫生，无污染，无有毒有害物质。

同时，稻田养殖中华鳖，养殖技术工作者必须熟悉了解中华鳖主要流行性疾病的病理特征、流行季节、病原体生物学特性，定期常规检疫稻田中华鳖，确定是否生病，以便及时采取措施，杜绝病原体的传播和流行，降低中华鳖患病率。

（四）建立隔离制度

稻田鳖一旦发病，不论是哪种疾病，都要做好隔离措施，以防疾病的传播、蔓延而殃及其他鳖。

三、提升鳖机体的免疫力

（1）培育和放养健壮苗种。稻田放养的中华鳖种苗力争自繁自养，购买中华鳖苗种须为非疫区、检验检疫合格，体色正常，健壮活泼。必要时还可用显微镜检查，确保苗种不带有危害严重的病原。

（2）选育抗病力强的苗种。选择健康或有抗体的亲本繁育的苗种进行养殖。

（3）降低应激反应。应激过于强烈，稻鳖会因为消耗过大导致机体抵抗力下降。因此，养殖过程中应创造适宜条件，减少应激。

（4）加强日常管理操作，小心谨慎。确保饲料优质、适量。

四、稻田施药技术

在稻田养鳖时，以稻田养鳖共作模式为核心，为防止鳖中毒，强烈建议稻田不施用农药。可通过放置太阳能杀虫灯和释放赤眼蜂除去害虫，每亩稻田放置一个 30 W 的太阳能杀虫灯，灯下面安放直径 1 m 的食台，诱杀的害虫落到食台上可被鳖直接食用。

水稻病虫害的防治主要应采取生态防治措施，如果确需施用农药，应当选用高效、低毒、低残留的农药，严禁使用剧毒农药。目前，水稻种植过程中，高毒高残留农药，如六六六、杀虫脒、甘汞、呋喃丹、毒杀芬、林丹、五氯酚钠等，严禁选用。对于病害的防治，可以选用多菌灵、叶蝉散以及稻瘟净等高效低毒农药；虫害的防治可以选用杀虫双、亚胺硫磷以及敌百虫等药物，这样不仅能够降低水稻药物残留量，又能避免鳖受到农药污染或毒害。如果要对稻田进行除草处理，应当避免使用除草剂，而采用人工拔除方式。

在实际进行施药之前，应当做好施药准备工作，尽可能地降低施药对鳖的不利影响。通常，施药前应对稻田进行灌水加深处理，最好让稻田保持微流水状态，一边进水，一边排水，从而起到稀释施药过程中田水中药物浓度的作用。倘若稻田病虫害猖獗，常规农药收效甚微，而不得不施用毒性较强的农药，或为了祛除水稻根部害虫，那么在施药前，可以适当降低田水深度，采取措施将鳖赶到沟或凼中，采取冲水对流措施，保证沟和凼中氧气浓度。如果稻田鳖数量多，沟和凼空间过于狭小，无法容纳，或者担心药物对鳖的毒性太强，可事先将鳖转入周边其他水体或网箱中暂养，待水稻病虫害得到有效控制后，再重新注入新水，将鳖放回原稻田继续养殖。

稻田用药，宜采用喷雾施药方式，喷药过程中，要尽量将药剂均匀地喷洒到叶面上。施粉剂农药，可以选择有露水的早晨将农药撒施于禾苗上。露水干后或者傍晚比较适合施用水剂或乳剂农药，在施药过程中，既要避免直接将药物喷洒于稻秆上，又要注意不要将药物直接喷洒到田水中，这样能够确保田水中鳖的安全。同时，要对用药量进行严格把控。比如说叶蝉散与杀虫双，用量应控制在每亩 150～220 g，敌百虫用量应控制在每亩 6～10 g，抗菌药多菌灵的用量也应控制在每亩 150～200 g。施药完成后，同时还应加强巡田和观察，如果发现稻田鳖出现晕厥、活动迟钝等现象，说明田水中药物浓度超标，应当及时换水，保证鳖生长安全；稻田施药，可采取分片施药办法来确保鳖的安全。通常可将一大块田合理划分成 2～4 块，先对半块或部分田块进行喷施处理，然后隔天对剩余部分田块进行喷药，通过这种分片轮流施药的方法能够有效地降低中毒风险。

第三节　中华鳖常见病害及防控

稻田养殖中华鳖，低密度养殖时，养殖户只要管理合理，投喂科学，中华鳖患病概率极低。当放养密度大，投喂饵料营养不平衡，剩余饵料多，稻田水质差，中华鳖患病概率会上升。中华鳖常见疾病主要为细菌性疾病、病毒性疾病、真菌性疾病、寄生虫疾病等几个方面。

一、细菌性疾病

（一）红脖子病

鳖红脖子病又称大脖子病，俄托克病。主要流行于 3～6 月，流行温度 18 ℃以上，主要危害成鳖和亲鳖，死亡率较高。

1. 疾病病原　嗜水气单胞菌嗜水亚种。

2. 疾病症状　病鳖不摄食，行动迟缓，颈部充血，伸缩困难，腹甲部可见大小不一的红斑，并逐渐糜烂，口、鼻、舌发红，有的眼睛失明，从口、鼻流血，上岸后不久即死亡。解剖见其肝脾肿大，严重时口鼻出血。

3. 防治措施

（1）选用优质健康苗种，投喂优质饵料，增强机体体质。

（2）定期换水排水，做好消毒，调节好水质，改善水质和底质环境。

（3）隔离发病个体，及时对死亡个体进行深埋处理或焚烧，对养殖水体和环境进行消毒。

（4）人工注射嗜水气单胞菌灭活疫苗或红脖子病病鳖脏器土法疫苗，增强机体免疫力。

（二）红底板病

鳖红底板病又名赤斑病、红斑病、腹甲红肿病、红腹甲病等。一般每年春末夏初开始发病，5～6 月为高峰期。主要危害成鳖，有时幼鳖也会感染。

1. 疾病病原　点状产气单胞菌点状亚种。

2. 疾病症状　病鳖腹部有出血性红斑，甚至有溃烂，露出甲板；背甲失去光泽，有不规则的沟纹，严重时出现糜烂性增生物，溃烂出血；口鼻发炎充血。病鳖脖子粗大，停止摄食，反应迟钝，常钻进草丛中，很易捕捉，一般 2～3 天后死亡。

3. 防治措施

（1）坚持清淤消毒，勤换新水，避免不同来源鳖混养。

（2）发病高峰期，每 10～15 天施强氯精或优氯净等对稻田水体消毒一次，用量为每立方米水体 0.25～0.4 g。注意施药间隔期不可太短，以免造成药害。

（3）内服广谱抗菌药物，每天 1 次，连喂 6 天；或肌内注射庆大霉素，每千克体重用量 1.5 万 U。

（三）出血性败血症

该病传染性强，流行迅速，潜伏期短，流行面广，发病快，死亡率高。主要流行季节为 6～9 月，流行温度 25～32 ℃，主要危害稚、幼鳖。

1. 疾病病原　嗜水气单胞菌。

2. 疾病症状　患病鳖体表发黑，有时腹甲出现点状或块状血斑，口腔发红充血，严重时口鼻有血水渗出。病鳖内脏和肌肉有充血，心包严重充血，肝脾肿大，肝呈花斑状，有坏死病灶，肺、肝、肾和脾等器官组织出现坏死。

3. 防治措施

（1）调节水质，保持水质清新。

（2）加强饲养管理，定期投喂动物肝脏等鲜活饵料，拌饵投喂中草药或免疫多糖制剂，增强机体抵抗力，及时清除残饵。

（3）疾病流行季节，土法制备出血性败血症疫苗进行预防接种。

（四）腐皮病

该病在鳖整个生长季节均可发生，7～8 月高温生长期最为严重，患病率可达 50%，死亡率有时上升到 10% 以上。患病鳖即使不死，生长也受到影响，外观难看，甚至失去商品价值。此病不难控制，但若得不到有效控制，还能导致疖疮、穿孔等并发症的发生，死亡率明显提高。

1. 疾病病原　病原以产气单胞菌为主，也包括假单胞菌及无色杆菌等细菌。

2. 疾病症状　　患病鳖的四肢、颈部、尾部、裙边等处的皮肤腐烂坏死，形成溃疡甚至脱落，病重者颈部肌肉外露或四肢骨露出，脚爪脱落，解剖可见病鳖肝脏、胰脏病变，肠道充血，口腔、咽喉出血、发炎。

3. 防治措施

（1）调节水质，保持水质清新。

（2）选用规格一致的鳖苗种进行放养，严格控制养殖密度，稚、幼鳖放养前用 20 mg/L 高锰酸钾溶液浸洗，防止鳖互相撕咬。

（3）发病高峰季节投喂磺胺胍药饵，按每千克鳖用药 0.2 g，第 2～6 天药量减半。

（五）疖疮病

鳖疖疮病又名打印病，是一种发病率高，传播速度快，危害性强的细菌性疾病。当环境条件恶化、饲料腐败或营养不全面以及鳖相互撕咬受伤交叉感染时，容易诱发该病。该病的流行季节是 5～9 月，发病高峰期为 5～7 月，流行温度 20～30 ℃，主要危害幼鳖、成鳖，尤其是幼鳖。

1. 疾病病原　　产气单胞菌点状亚种、普通变形杆菌等。

2. 疾病症状　　发病早期，病鳖颈部、背腹甲、裙边、四肢基部长有一个或多个黄豆大小的白色疖疮，随后疖疮慢慢增大并逐渐向外突起，最终表皮破裂。用手挤压四周可见黄白色颗粒状、有腥臭味的内容物，内容物中的有些黄色颗粒放入水中后能分散成粉状物。随着病情加重，疖疮自溃，内容物散落，炎症延展，鳖体表皮溃烂成洞穴，导致溃烂病与穿孔病并发。解剖观察，病鳖皮下、口腔、气管有黄色黏液，腹部和颈部皮下呈胶冻样浸润，肺部充血，肝脏呈暗黑色或褐色，略肿大，质碎，胆囊肿大，脾溢血，肾充血或出血，肠略充血，体腔中有较多黏液。病鳖食欲减退或不摄食，体质消瘦，常静卧食台，头不能缩回，眼不能睁开，直至衰弱死亡。同时，也有部分病鳖因病原菌侵入血液，迅速扩散到全身，出现急性死亡。

3. 防治措施

（1）调节水质，保持水质清新。

（2）放养前，稚鳖用 5% 的食盐水浸洗 15～30 分钟，成鳖、幼鳖以 20 mg/L 的高锰酸钾溶液浸洗 10～20 分钟。

（3）患病严重的个体，用 1 mg/L 戊二醛药浴 10～15 分钟。

（4）加强饲养管理，做好水体消毒，避免鳖体受伤，保证营养平衡。

（六）穿孔病

鳖穿孔病又名洞穴病、空穴病、烂甲病，具有多种病原体，养殖环境恶劣、饲养管理不善导致细菌感染是诱发该病发生的原因。穿孔病是鳖的常见病、多发病之一，鳖的整个生长阶段都会发病，一旦发病，1～2 周内即可死亡，死亡率可达 50% 左右。流行季节是 4～10 月，5～7 月是发病高峰期，流行温度为 25～30 ℃。对各年龄段的鳖均有危害。穿孔病通过治疗大多可治愈，但会留下疤痕，影响品质。

1. 疾病病原　主要病原有嗜水气单胞菌、普通变形杆菌、肺炎克雷伯菌、产碱菌等。

2. 疾病症状　发病初期，病鳖一般食欲正常，活动自如，背腹甲、裙边和四肢出现一些成片的白点或白斑，呈疮痂状，周围有血渗出，挑开疮痂，下面是一个孔洞，严重者洞穴内有出血现象，孔洞深时可直达内脏引起死亡。未挑的疮痂，不久就自行脱落，在原疮痂处留下一个小洞，洞口边缘发炎，轻压有血液流出，严重时可见内腔壁。病鳖行动迟缓，食欲减退，长期不愈可由急性转为慢性，除有穿孔症状外，裙边、四肢、颈部还出现溃烂，形成穿孔与腐皮病并发。解剖观察，肠充血，肝灰褐色，肺褐色，脾肿大变紫，胆汁墨绿。

3. 防治措施

（1）定时改善水质，保持良好的生态环境，保证饲料质量，不喂腐败变质饲料，并在饲料中添加复合维生素。

（2）立即更换部分新水，换水量不超过三分之一。

（3）隔离患病个体，用庆大霉素或卡那霉素每天每千克用10万～20万U拌饲料投喂，连喂5～7天。

（4）及时清除病灶组织中脓状物质，病灶处用生理盐水冲洗干净后让病鳖晒背2～4小时，然后在患处涂抹红霉素软膏或金霉素软膏，并按每千克体重腹腔注射8万～15万U的庆大霉素。病情严重的，可注射2～3次。

（七）肺化脓病

肺化脓病又称肺水肿、肺脓肿、肺脓疡，多为病菌经创伤感染进入肺部引起。一般发生在夏末与秋季，8～10月，生活在水质污浊环境中较易流行。各种阶段鳖均可感染患病。

1. 疾病病原　副大肠杆菌、葡萄球菌、链球菌及霍乱沙门菌等。

2. 疾病症状　病鳖呼吸时头向上仰，嘴张开，呼吸困难，行动迟缓、目光呆滞，食欲降低，摄食量明显减少，常伏于食台或晒背台，少食或不食。病鳖眼球充血、下陷、水肿、有豆腐渣样坏死组织覆盖于眼球上，甚至双眼失明，肺部呈暗紫色，有灶性硬结节或囊状病灶。

3. 防治措施

（1）放养前用生石灰或漂白粉彻底消毒稻田，保持水质良好，pH值呈微碱性。

（2）加强饲养管理，高温季节注意定期换水，保持水质清新，避免鳖受伤。

（3）发现病鳖，及时捞出，隔离治疗。患病鳖用20 mg/L高锰酸钾溶液浸浴10～20分钟，连续2～3次。

二、病毒性疾病

(一) 鳃状组织坏死症

鳖鳃状组织坏死症俗称鳖腮腺炎，可分为出血型腮腺炎和失血型腮腺炎，主要危害稚鳖和幼鳖，是鳖病中危害最大、传染性最强烈、死亡最快的一种传染病，流行季节为 5～10 月，水温 25～30 ℃时最为严重。由于鳖鳃状组织是鳖在特定环境中除肺之外的主要呼吸器官，一旦发病流行就很难治疗，死亡率高达 50% 以上，严重的可达 100%。

1. 疾病病原　暂无定论，腮腺炎病毒或病毒和细菌混合感染引起。

2. 疾病症状　患病个体颈部肿大，全身浮肿，眼睛呈白浊状，失明，运动迟缓，不摄食，口鼻流血，腮腺充血鲜红、糜烂，胃部和肠道有大块暗红色瘀血或呈白色贫血状态，肝脏呈土黄色，质脆易碎。疾病早期，腹甲呈现赤斑，随后呈现灰白贫血症状。

3. 防治措施

(1) 选用优质健康苗种，投喂优质饵料，增强机体体质。

(2) 定期换水排水，做好消毒处理工作。

(3) 隔离发病个体，用 100 mg/L 福尔马林浸泡病鳖 30 分钟，并连续投喂广谱抗菌药药饵数天，病重无法进食个体可肌内注射穿心莲注射液，剂量 2 mL/kg。死亡个体及时深埋处理或焚烧，对发病稻田水体、使用的工具进行消毒。

(4) 疾病高发季节，可拌饵投喂病毒克星（根莲解毒散），添加量为饲料总量的 1%～2%，疗程 5 天；或内服中西药，用 1:1 头孢拉定和庆大霉素，添加量为饲料总量的 1%，疗程 5 天；或中药预防：甘草 10%、三七 10%、黄芩 20%、柴胡 20%、鱼腥草 25%、三叶青 15%，添加量为饲料总量的 2%，疗程 15 天。

（二）白底板病

白底板病是一种危害较严重的疾病，其死亡率一般为 10%～60%，有时可达 90%。流行于春末至夏秋季节，发病高峰在 6～8月，水温在 26～28 ℃时最易发生此病，6 月中下旬为发病死亡高峰期。主要危害幼鳖、成鳖和亲鳖。

1. **疾病病原** 是由病毒和嗜水气单胞菌、迟缓爱德华菌和变形杆菌混合感染引起。

2. **疾病症状** 疾病早期无明显症状，体表完好，病鳖脖子朝上伸出水面并用前爪拨水，身体垂直水面游动、翻转，全身呈现水肿状态，脖颈肿胀，眼睛出现白浊或完全失明，摄食量下降或停止摄食；将病鳖从水中捞取放置地面，底板苍白，有些能勉强翻身，有些在翻身时口鼻出血，解剖可见肠道充血或出血，无食物，肺坏死。

3. **防治措施**

（1）选用优质健康苗种，投喂优质饵料，增强机体体质。

（2）定期换水排水，做好消毒工作，调节好水质，改善底质环境。

（3）隔离发病个体，及时深埋或焚烧死亡个体，对稻田水体和环境进行彻底消毒。

（4）在疾病高发季节，可拌饵投喂板蓝根、穿心莲、大黄和金银花，添加量为饲料总量的 1%，还可添加维生素和免疫多糖，以增强机体免疫力。

三、真菌性疾病

（一）水霉病

水霉病又称肤霉病或白毛病，是继发性疾病，只有当鳖机体受伤后才会感染霉菌而发病。发病水温为 20 ℃左右，对稚鳖、幼鳖危害较大，严重时可引起大批死亡。

1. 疾病病原　　水霉、绵霉、丝囊霉及腐霉等真菌。

2. 疾病症状　　发病早期，在病鳖背甲、腹甲、头颈、四肢和裙边上出现小白点，接着扩大成白色斑块，出现白云状病变，病灶在水中呈现出肉眼可见的棉絮状，手摸有滑腻感。严重时大量霉菌寄生鳖体表面，分泌毒素，破坏组织，使鳖食欲减退，活动缓慢，最后摄食停止，消瘦而死。

3. 防治措施

（1）除去稻田沟底过多的淤泥，并用 200 mg/L 生石灰或 20 mg/L 漂白粉消毒。

（2）加强饲养管理，投喂营养全面、优质饲料，增强鳖机体免疫力。

（3）日常操作小心谨慎，避免鳖体受伤。

（4）选用同规格中华鳖进行稻田养殖，下田前用 20 mg/L 高锰酸钾水溶液浸泡 20～30 分钟。

（二）白斑病

白斑病又称毛霉病、白霉病，是稚鳖养殖过程中一种较常见的疾病，传染快，死亡率高，不容易控制，感染率达 60%，死亡率一般在 30% 左右。白斑病是一种霉菌附生在鳖受损皮肤所致，体表发生白斑状或白云状病变。全年都可以发生，4～6 月和 10～11 月为高发季节，主要危害稚鳖和幼鳖。

1. 疾病病原　　毛霉。

2. 疾病症状　　病鳖四肢、颈部、裙边等处形成一块块白斑，表皮坏死、脱落，甚至出血，病鳖通常烦躁不安或在水面独自狂游，目光呆滞，常伏于食台和晒背台上，不肯下水，失去应激能力，用手极易抓到。

3. 防治措施

（1）日常操作过程中，尽量细心，勿使鳖体受伤，受伤的鳖要及时用药物浸浴或涂抹处理，避免继发性感染。

（2）放养前做好鳖体消毒，一般用 3% 食盐水浸泡 10～20 分钟。

（3）及时降低稻田沟水位，快速调节好养殖水温，这样不但利于鳖活动吃食，也能更好地抑制真菌的生长。

（4）调肥稻田水，使得透明度不高于 25 cm。因真菌易在较清的水中生长，所以调肥水也能在一定程度上控制真菌生长，预防白斑病发生。

四、寄生虫疾病

（一）水蛭病

水蛭病又名蚂蟥病，是一种常见鳖病，由吸取动物血为生的水蛭寄生引起。由于鳖行动迟缓，极易被蛭类吸附，但一般不会直接导致鳖死亡，只是易并发其他疾病而致死。

1. **疾病病原** 水蛭，包括鳖穆蛭、扬子鳃蛭和拟扁蛭等。

2. **疾病症状** 病鳖体表肉眼可见虫体，呈淡黄、橘黄或深黑色，黏滑。触碰虫体会微动，遇热则蜷曲但并不脱落，强行剥落虫体，可见寄生部位严重出血。当寄生在眼、吻端时，鳖头往后仰，并四处乱游。寄生虫体数量多时，鳖烦躁不安，甚至趴在晒背台上不愿下水。病程长时，鳖食欲减退，体表消瘦，腹部苍白，呈严重的贫血状。

3. **危害对象** 该病对大小鳖都有危害，整个生长期都可发病，投喂螺蛳的水体更为严重。

4. **防治措施**

（1）预防方法：①采用清新水源，不用被污染或富营养化水体；②调节水质呈碱性，使水蛭不适应碱性环境而死亡；③稻田设有充足、良好的晒背场，晒背可有效防止该病发生。

（2）治疗方法：①发病稻田，将鳖赶到稻沟里，用晶体敌百虫溶液泼洒，浓度为 0.7 g/m³；或用高锰酸钾溶液泼洒，浓度为

$10\ \text{g/m}^3$；或用硫酸铜溶液泼洒，浓度为 0.7g/m^3；②用鲜猪血浸毛巾在进水口处诱捕，一般 $3\sim4$ 个晚上就可捕掉大部分水蛭。带虫体的毛巾可用生石灰处理后掩埋；③对发病鳖，用 10% 的氨水或 2.5% 盐水，在水温 $10\sim32$ ℃时浸洗 $20\sim30$ 分钟，蛭类会脱落死亡；④清凉油涂抹寄生处，蛭受刺激立即脱落；⑤发病严重的鳖，用 $2\ \text{mg/L}$ 硫酸铜溶液浸浴 1 小时，连续 2 天可治愈。

（二）钟形虫病

1. 疾病病原　钟形虫病是由纤毛虫类的累枝虫寄生而引起的疾病，由水源或活饵料带入。

2. 疾病症状　病鳖背腹、四肢、尾部和颈部有许多土灰色绒毛状物体，严重时扩大到背甲、腹甲、裙边，显微镜下可见树枝状虫体。该病主要影响鳖食欲，导致生长缓慢，如果长期不加以治疗，使组织损伤，导致细菌或其他原生动物大量感染，从而诱发腐皮病、穿孔病和腮腺炎等传染性疾病，造成死亡。大量虫体附着于稚鳖、幼鳖脖颈，影响其气体交换，易造成死亡。我国部分地区曾因此病的流行，导致稚鳖大量死亡，造成较大损失。

3. 防治措施

（1）预防方法：①保持水质清洁，及时捞出残饵。②每隔 $15\sim20$ 天用 $40\sim50\ \text{mg/L}$ 生石灰水或 $2\sim3\ \text{mg/L}$ 漂白粉溶液对稻田沟凼水体消毒。

（2）治疗方法：

1）$8\ \text{mg/L}$ 硫酸铜溶液或 $20\ \text{mg/L}$ 高锰酸钾溶液浸泡患病鳖 $20\sim30$ 分钟，或在稻田沟凼泼洒硫酸铜溶液或高锰酸钾溶液，使用浓度为 $1\ \text{mg/L}$ 和 $5\ \text{mg/L}$，1 小时后加注新水。

2）用 $1\ \text{mg/L}$ 福尔马林溶液或 0.01% 新洁尔灭溶液或 10mg/L 漂白粉溶液浸浴病鳖 4 小时，$4\sim5$ 天中重复 $2\sim3$ 次。

3）用 $3\%\sim5\%$ 食盐水浸泡病鳖 $1\sim2$ 小时，连续 $3\sim5$ 天。

（3）注意事项：

该病肉眼观察易与水霉病混淆。但水霉病的毛是致密的棉花絮状，沾上微小泥沙颗粒，呈灰褐色，不易洗掉；而该病的绒毛较短、较粗，沾泥沙颗粒，易洗掉。

五、非生物性疾病

（一）脂肪肝

脂肪肝又名黄肝病，是长期投喂高脂肪动物性饲料及配合饲料或超量植物油而导致的。中华鳖患脂肪肝后裙边变窄变薄，四肢肿胀并失调，行动迟缓。解剖病鳖，肝脏肿大并有无数淡黄色脂肪小粒，严重时肝组织变性。

1. 预防方法：①饲料中适量添加维生素 E、硒粉；②加强饲养管理，不投喂变质隔餐饲料或超脂饲料。

2. 治疗方法：①发现疾病后马上停止喂食高脂肪饲料或植物油，停喂 3 天后，投喂低脂肪配合饲料；②隔离病鳖，并提高环境温度到 30～31 ℃，增强鳖体活动，加快体内脂肪的代谢。

（二）脂肪代谢不良症

由于饲料脂肪氧化变质、维生素缺乏而致。此病多发生在 7～8月，中华鳖摄食旺盛，饵料也因气温高而易变质腐败。病鳖肥，全身浮肿，腹甲暗褐色，腹腔有恶臭气味，肝脏黑色，脂肪组织发硬，呈土黄色或黄褐色，骨骼软化。

1. 预防方法：①根据中华鳖生长需要，科学配料；②投喂新鲜饵料，及时清理残饵；③人工配料中添加维生素 E，抗脂肪氧化，必要时添加维生素 C、维生素 D，减少该病的发生率。

2. 治疗方法：①饥饿 2 天，尽可能代谢掉体内脂肪，然后投喂以新鲜蔬菜为主的配合饲料；②饲料中添加保肝剂。

（三）萎瘪病

萎瘪病又名僵鳖病，由于长期投喂蛋白质比例低、配比单一的饲料所致。病鳖体薄萎缩，四肢无力，皮肤暗淡，背甲棱状突起，生长缓慢甚至停止，难达到商品规格，影响中华鳖产量和经济价值。

防治方法：①投喂营养全面的饲料，满足中华鳖生长发育要求；②饲料营养成分在满足鳖体生长需要的同时，必要时可添加赖氨酸与蛋氨酸，也可添加鲜鸡蛋和吸收较快的葡萄糖钙粉等。

（四）氨中毒

氨中毒又名水质不良症，多因水质急剧变化，造成水体严重缺氧，从而产生大量氨、硫化氢等有毒有害物质，导致中华鳖中毒。鳖体中毒后头颈强直，四肢乱蹬，争先上浮抓爬，严重时转圈乱游，几分钟后死亡。死时颈部、底板和四肢腋窝发红，裙边发硬。此病是因为残饵和排泄物累积腐败所致。

1. 预防方法：①加强稻田水体水质管理，及时清除残饵及排泄物，密切关注水体溶解氧；②清除过多淤泥，避免有机物大量积累，产生有毒有害气体；③放养密度适宜。

2. 治疗方法：①立即换水；②及时清除残饵；③条件允许，转移中华鳖至其他水体。

六、敌害生物

稻田养殖时，鳖的天敌比较多，主要有蛇、鼠、蚂蚁、猫、黄鼬、鹰等，尤其对稚鳖的危害最大。例如，蛇会吞食稚鳖；蚂蚁会围攻稚鳖；习惯于晚上活动的猫和黄鼠狼对晚上活动鳖危害大。

为了防止天敌危害，主要从以下两个方面入手。

（一）预防

（1）加固田埂或围墙，堵塞漏洞和缝隙，切断敌害入田通道和藏身之地。

（2）在鳖田田埂上设置拦网以防兽害。

（二）捕杀

（1）对于蚂蚁，除发现后立即剿灭外，还可以在田埂四周撒上农药防止蚁群进入。

（2）灭鼠。采用毒杀或胶黏剂粘贴，抑或在老鼠出没处用夹子或笼子捕捉。

（3）捕捉黄鼠狼等兽类。用小鸡为诱饵，在鳖田四周安上活动夹子诱捕黄鼠狼，亦可用猎捕方式猎捕其他兽类。

（4）严防大型肉食性鱼类进入稻田，防止鳖受伤或被吞食。

第四节　水稻常见病害及防控

一、水稻常见病害

（一）恶苗病

恶苗病是由半知菌亚门串珠镰孢菌属引起的真菌性疾病。病谷粒播后常不发芽或不能出土。苗期发病，病苗比健苗细高，叶片叶鞘细长，叶色淡黄，根系发育不良，部分病苗在移栽前死亡。在枯死苗上有淡红色或白色霉粉状物，即病原菌的分生孢子。本田期发病，节间明显伸长，节部常有弯曲露于叶鞘外，下部茎节逆生多数不定须根，分蘖少或不分蘖。剥开叶鞘，茎秆上有暗褐条斑，剖开病茎可见白色蛛丝状菌丝，以后植株逐渐枯死。湿度大时，枯死病株表面长满淡褐色或白色粉霉状物，后期生黑色小点，即病菌囊壳。病轻时，禾苗提早抽穗，穗形小而不实。抽穗期谷粒也可受害，严重的变褐，不结实，颖壳夹缝处生淡红色霉，病轻的无病理症状，但内部已有菌丝潜伏。

（二）稻瘟病

稻瘟病是由半知菌亚门灰梨孢属引起的真菌性疾病。主要为害叶片、茎秆、穗部。因为害时期、部位不同分为苗瘟、叶瘟、节瘟、穗颈瘟、谷粒瘟。苗瘟发生于三叶前，由种子带菌所致。病苗基部灰黑，上部变褐，卷缩而死，湿度较大时病部产生大量灰黑色霉层，即病原菌分生孢子梗和分生孢子。叶瘟在整个生育期都能发生。分蘖至拔节期为害较重。由于气候条件和品种抗病性不同，病斑分为慢性型、急性型、白点型、褐点型四种类型。节瘟常在抽穗后发生，初在稻节上产生褐色小点，后渐绕节扩展，使病部变黑，易折断。发生早的形成枯白穗。仅在一侧发生的造成茎秆弯曲。穗颈瘟初期形成褐色小点，扩展后使穗颈部变褐，也造成枯白穗，发病晚的造成秕谷，枝梗或穗轴受害造成小穗不实。谷粒瘟表现为谷粒产生褐色椭圆形或不规则斑，可使稻谷变黑。有的颖壳无症状，护颖受害变褐，使种子带菌。

（三）立枯病

立枯病分病理性立枯病和生理性立枯病两种。病理性立枯病是由半知菌亚门瘤座菌目镰孢菌属真菌侵染引起的，多发生于立针期至三叶期，病苗心叶枯黄，叶片不展，种子和茎基交界处常有霉层，茎基软腐烂，根变成黄褐色。用手拔苗，秧苗茎基部断裂，根系留在苗床里。生理性立枯病主要是苗期管理不当造成的，多发生在离乳期，其症状表现为病苗叶尖无露珠，心叶上部叶片打绺，秧苗黄、瘦、弱，根部变褐色，根毛、白根减少或无根毛，用手拔发病秧苗时，连根拔出。

（四）稻曲病

稻曲病是由半知菌亚门引起，属真菌性疾病，水稻生长后期在穗部发生的一种病害。该病病菌为害穗上部分谷粒，轻则一穗中出现1～5粒病粒，重则多达数十粒，病穗率可高达10%以上。病粒比正常谷粒大3～4倍，整个病粒被菌丝块包围，颜色初呈橙黄，后转墨绿；表面初呈平滑，后显粗糙龟裂，其上布满黑粉状物。

（五）稻粒黑粉病

稻粒黑粉病是由狼尾草腥黑粉菌为害水稻谷粒的一种真菌疾病。主要发生在水稻扬花至乳熟期，只为害谷粒，每穗受害1粒或数粒乃至数十粒，一般在水稻近成熟时显症。染病稻粒呈污绿色或污黄色，其内有黑粉状物，成熟时腹部裂开，露出黑粉，病粒的内外颖之间具 1 黑色舌状凸起，常有黑色液体渗出，污染谷粒外表。扒开病粒可见种子内局部或全部变成黑粉状物。

（六）稻胡麻斑病

稻胡麻斑病是由半知菌亚门稻平脐蠕孢引起的真菌疾病。种子芽期受害，芽鞘变褐，芽未抽出，子叶枯死。苗期叶片、叶鞘发病多为椭圆病斑，如胡麻粒大小，暗褐色，有时病斑扩大连片成条形，病斑多时秧苗枯死。成株叶片染病初为褐色小点，渐扩大为椭圆斑，如芝麻粒大小，病斑中央褐色至灰白，边缘褐色，周围有深浅不同的黄色晕圈，严重时连成不规则大斑。病叶由叶尖向内干枯，潮湿时，死苗上产生黑色霉状物。叶鞘上染病，病斑初为椭圆形，暗褐色，边缘淡褐色，水渍状，后变为中心灰褐色的不规则大斑。穗颈和枝梗发病，受害部暗褐色，造成穗枯。谷粒染病早期受害的谷粒灰黑色，扩至全粒造成秕谷。后期受害病斑小，边缘不明显。病重谷粒质脆易碎。气候湿润时，上述病部长出黑色绒状霉层。

（七）白叶枯病

白叶枯病是由水稻黄单胞菌引起的细菌性疾病，又称白叶瘟、地火烧、茅草瘟。整个生育期均可受害，苗期、分蘖期受害最重，各个器官均可染病，叶片最易染病。其症状因病菌侵入部位、品种抗病性、环境条件有较大差异。典型的叶枯型症状，一般在分蘖期后才较明显。发病多从叶尖或叶缘开始，初现黄绿色或暗绿色斑点，后沿叶脉从叶缘或中脉迅速加长扩展成条斑，可达叶片基部和整个叶片，病健交界线明显，呈波纹状（粳稻）或直线状（籼稻）。病斑黄色或略带红色，最后变为灰白色或黄白色，病部易见蜜黄色珠状菌脓。

（八）南方水稻黑条矮缩病

南方水稻黑条矮缩病病原为南方水稻黑条矮缩病毒。水稻各生育期均可感病。苗期症状：水稻植株表现为矮缩，叶色深绿，叶片僵直。分蘖期症状：水稻植株矮缩，分蘖增多，叶片直立，叶色浓绿。拔节期症状：水稻植株表现严重矮化，高节位分蘖，叶色浓绿，叶片皱缩，茎秆上有倒生根和白色蜡条，严重时蜡条为黑色，不抽穗或抽半包穗，谷粒空秕。

二、水稻常见虫害

（一）稻飞虱

常见种类有褐飞虱、白背飞虱和灰飞虱。稻飞虱对水稻的为害，除直接刺吸汁液，使水稻生长受阻，严重时稻丛成团枯萎，甚至全田死秆倒伏外，产卵也会刺伤植株，破坏输导组织，妨碍营养物质运输并传播病毒病。

（二）二化螟

在分蘖期受害造成枯鞘、枯心苗，在穗期受害造成虫伤株和白穗，一般年份减产 3%～5%，严重时减产在三成以上。

（三）三化螟

三化螟为害造成枯心苗，苗期、分蘖期幼虫啃食心叶，心叶受害或失水纵卷，稍褪绿或呈青白色，外形似葱管，称假枯心，把卷缩的心叶抽出，可见断面整齐，多可见到幼虫，生长点遭破坏后，假枯心变黄死去成为枯心苗，这时其他叶片仍为青绿色。受害稻株蛀入孔小，孔外无虫粪，茎内有白色细粒虫粪。

（四）稻纵卷叶螟

以幼虫为害水稻，缀叶成纵苞，躲藏其中取食上表皮及叶肉，仅留白色下表皮。苗期受害影响水稻正常生长，甚至枯死；分蘖期至拔节期受害，分蘖减少，植株缩短，生育期推迟；孕穗后特别是抽穗到齐穗期剑叶被害，影响开花结实，空壳率提高，千粒重下降。

（五）稻蓟马

成虫、若虫以口器锉破叶面，呈微细黄白色斑，叶尖两边向内卷折，渐及全叶卷缩枯黄，分蘖初期受害重的稻田，苗不长、根不发、无分蘖，甚至成团枯死。晚稻秧田受害更为严重，常成片枯死，状如火烧。穗期成虫、若虫趋向穗苞，扬花时，转入颖壳内，为害子房，造成空瘪粒。

（六）稻瘿蚊

幼虫吸食水稻生长点汁液，致受害稻苗基部膨大，随后心叶停止生长且由叶鞘部伸长形成淡绿色中空的葱管，葱管向外伸形成"标葱"。水稻从秧苗到幼穗形成期均可受害，受害重的不能抽穗，几乎都形成"标葱"或扭曲不能结实。

（七）稻苞虫

幼虫吐丝缀叶成苞，并蚕食，轻则造成缺刻，重则吃光叶片。严重发生时，可将全田，甚至成片稻田的稻叶吃完。

三、防治方法

（一）非化学防治技术

1. 选用抗（耐）性品种

选用抗（耐）稻瘟病、稻曲病、白叶枯病、条纹叶枯病、褐飞虱、白背飞虱的水稻品种，避免种植高（易）感品种。合理布局种植不同遗传背景的水稻品种。

2. 农艺措施

（1）翻耕灌水灭蛹　利用螟虫化蛹期抗逆性弱的特点，在越冬代螟虫化蛹期统一翻耕冬闲田、绿肥田，灌深水浸没稻桩 7～10 天，降低虫源基数。

（2）科学栽培　加强水肥管理，适时晒田，避免重施、偏施、迟施氮肥，增施磷钾肥，提高水稻抗逆性。

（3）清洁稻田　稻飞虱终年繁殖区晚稻收割后立即翻耕，减少再生稻、落谷稻等冬季病毒寄主植物。

3. 生态工程

田埂留草，为天敌提供栖息地；田埂种植芝麻、大豆、波斯菊等显花植物，保护和提高寄生蜂和黑肩绿盲蝽等天敌的控害能力；路边沟边种植香根草等诱集植物，减少二化螟和大螟的种群基数。

4. 性信息素诱杀

越冬代二化螟、大螟始蛾期开始，集中连片使用性诱剂，通过群集诱杀或干扰交配来控制害虫基数。选用持效期 2 个月以上的诱芯和干式飞蛾诱捕器，平均每亩放置 1 个，放置高度以诱捕器底端距地面 50～80 cm 为宜。

5. 稻螟赤眼蜂控害

二化螟、稻纵卷叶螟蛾始盛期释放稻螟赤眼蜂，每代放蜂 2～3 次，间隔 3～5 天，每次每亩放蜂 10000 头。每亩均匀放置 5～8 个点，放蜂高度以分蘖期蜂卡高于植株顶端 5～20 cm、穗期低于植株顶端 5～10 cm 为宜。

6. 稻鸭共育

水稻分蘖初期，将 15～20 天的雏鸭放入稻田，每亩放鸭 10～30 只，水稻齐穗时收鸭。通过鸭子的取食活动，减轻纹枯病、稻飞虱、福寿螺和杂草等发生为害。

7. 物理阻隔育秧

在水稻秧苗期，采用 20～40 目防虫网或 15～20 g/m² 无纺布全程覆盖，阻隔稻飞虱，预防病毒病。

（二）合理用药技术

在落实非化学防治技术的基础上，抓住关键时期实施药剂防治。一是普及种子处理。采用咪鲜胺、氰烯菌酯、乙蒜素浸种，预防恶苗病和稻瘟病；吡虫啉等种子处理剂拌种，预防秧苗期稻飞虱、稻蓟马及飞虱传播的南方水稻黑条矮缩病、锯齿叶矮缩病、条纹叶枯病和黑条矮缩病等病毒病；赤·吲乙·芸苔、芸苔素内酯、毒氟磷苗期喷雾，培育壮秧。二是带药移栽，减少大田前期用药。秧苗移栽前2~3天，施用内吸性药剂，带药移栽，预防螟虫、稻瘟病、稻蓟马、稻飞虱及其传播的病毒病。三是做好穗期保护。水稻孕穗末期至破口期，根据穗期主攻对象综合用药，预防稻瘟病、纹枯病、稻曲病、穗腐病、螟虫、稻飞虱等病虫。

1. 稻飞虱　长江中下游稻区重点防治褐飞虱和白背飞虱。药剂防治重点在水稻生长中后期，对孕穗期百丛虫量1000头、穗期百丛虫量1500头以上的稻田施药。

2. 稻纵卷叶螟　防治指标为分蘖期百丛水稻束叶尖150个，孕穗后百丛水稻束叶尖60个。生物农药施药适期为卵孵化始盛期至低龄幼虫高峰期。

3. 螟虫　防治二化螟，分蘖期于枯鞘丛率达到8%~10%或枯鞘株率3%时施药，穗期于卵孵化高峰期施药，重点防治上代残虫量大、当代螟卵盛孵期与水稻破口抽穗期相吻合的稻田；防治三化螟，在水稻破口抽穗初期施药，重点防治每亩卵块数达到40块的稻田。

4. 稻瘟病　防治叶瘟在田间初见病斑时施药；破口抽穗初期施药预防穗瘟，气候适宜病害流行的齐穗期第2次施药。

5. 纹枯病　水稻分蘖末期至孕穗抽穗期施药。

6. 稻曲病　在水稻破口前7~10天（10%水稻剑叶叶枕与倒二叶叶枕齐平时）施药预防，如遇多雨天气，7天后第2次施药。

7. 病毒病　预防南方水稻黑条矮缩病、锯齿叶矮缩病、黑条矮缩病、条纹叶枯病，主要在秧田和本田初期及时施药，防止带毒稻飞虱迁入。注意防治前作麦田、田边杂草稻飞虱。

8. 细菌性基腐病、白叶枯病　田间出现发病中心时立即用药防治。重发区在台风、暴雨过后及时施药防治。

（三）建议用药品种

1. 防治二化螟、大螟　优先采用苏云金杆菌、金龟子绿僵菌

CQMa421，化学药剂可选用氯虫苯甲酰胺、甲氨基阿维菌素苯甲酸盐、甲氧虫酰肼。

2. 防治稻飞虱　种子处理和带药移栽应用吡虫啉、噻虫嗪（不选用吡蚜酮，因延缓其抗性发展）；喷雾选用金龟子绿僵菌CQMa421、醚菊酯、烯啶虫胺、吡蚜酮。

3. 防治稻纵卷叶螟　优先选用苏云金杆菌、甘蓝夜蛾核型多角体病毒、球孢白僵菌、短稳杆菌、金龟子绿僵菌CQMa421等微生物农药，化学药剂可选用氯虫苯甲酰胺、四氯虫酰胺、茚虫威等。

4. 防治稻瘟病　采用枯草芽胞杆菌、多抗霉素、春雷霉素、井冈·蜡芽菌、申嗪霉素等生物农药或三环唑、丙硫唑等化学药剂。

5. 防治纹枯病、稻曲病　采用井冈·蜡芽菌、井冈霉素A（24％A高含量制剂）、申嗪霉素等生物药剂或苯甲·丙环唑、氟环唑、咪铜·氟环唑等化学药剂。

6. 预防细菌性基腐病、白叶枯病等细菌性病害　选用枯草芽胞杆菌、噻霉酮、噻唑锌。预防病毒病，选用毒氟磷、宁南霉素。

（四）注意事项

（1）昆虫信息素诱杀害虫，应大面积连片应用。

（2）应用生物药剂品种时，施药期应适当提前，确保药效。

（3）稻虾、稻鱼、稻蟹等农业生态种养区和临近种桑养蚕区，需慎重选用药剂；水稻扬花期慎用新烟碱类杀虫剂（吡虫啉、啶虫脒、噻虫嗪等），以减少对授粉昆虫的影响；破口抽穗期慎用三唑类杀菌剂，以避免药害。

（4）提倡不同作用机制药剂合理轮用与混配，避免长期、单一使用同一药剂。严格按照农药使用操作规程，遵守农药安全间隔期，确保稻米质量安全。提倡使用高含量单剂，避免使用低含量复配剂。禁止使用含拟除虫菊酯类成分的农药，慎重使用有机磷类农药。

第五节　中华鳖无害化处理

疾病诊断后的患病中华鳖个体须进行无害化处理。根据我国有关法律规定，当发生传染性疾病，对发病地区或场所及其染有病原体的动物及动物产品须进行无害化处理，即采用物理、化学或其他方法杀灭有害生物的方式。患病中华鳖常用的处理方法有以下几种：

一、化制

将患病中华鳖放置在特定的场所进行处理，不但消灭病原体，而且还可保留有利用价值的物品，如骨粉、鱼粉、贝壳粉等。

二、掩埋

操作简单易行，使用率较高。选择干燥、平坦，距离水井、牧场、养殖池及河流较偏远的地区，挖深 2 m 以上的长方形坑，将患病中华鳖与生石灰按质量 4∶1 混埋。具体操作步骤如下。

1. 病死中华鳖的处理程序

用捞网等工具捞取死亡个体，放入桶内，撒入消毒剂，送到离养殖池至少 50 m 处空地，挖一个深 2 m 以上的坑，撒入大量消毒剂，将动物尸体倒入坑中，再撒入消毒剂，压盖泥土，填平，掩埋完毕，清洗工具，晾晒消毒或药物消毒、干燥。

2. 临死中华鳖处理程序

用捞网等工具捞取个体，进行目检后放入桶内。实验室诊断：有保留价值的病例组织固定保存，备用；无须进行病理组织保存的个体，在实验室诊断后其处理方式同动物尸体的处理程序。

三、腐败

将病死中华鳖放入专用坑内（坑有严密的盖子，坑内有通气管），让其腐败以达到消毒的目的，同时也可作为肥料利用。

四、焚烧

这种方法消毒最彻底，但耗费大，不常用，仅适用于特别危险的传染性疾病处理。

第八章　稻田养鳖的成本核算与效益分析

第一节　成本核算

　　稻田养鳖是利用生物间资源互补的循环生态学原理，采用稻＋鳖共生种养模式，维持"稻＋鳖"生态系统有机平衡，实现高产、高质、高效的一种先进的生态高效种养模式。但是稻田养鳖需要前期投入，才能有产出。这里以 10 亩稻田养鳖为 1 个单元，进行成本和利润估算，仅供参考。

一、投入成本

　　以 10 亩为 1 个单元进行投资估算，总共需要投资 8.64 万元，具体明细见表 8-1。

表 8-1　稻鳖种养投资成本估算表

类　　别	单位	工程量	工程金额（元）	投资费用（万元）
稻田改造、排水、道路、防逃设施	亩	10	1200	1.2
稻田租金	亩	10	800	0.8
微生物制剂、种植水草	亩	10	40	0.04
中华鳖苗种投放	亩	10	4800	4.8
饲料成本＋水稻种子	亩	10	1200	1.2
水费、电费、药品费	亩	10	100	0.1
稻田耕作、插秧收割、管理人工工资	亩	10	500	0.5
合　　计	—	—	—	8.64

二、销售收入

稻鳖综合种养 10 亩，亩产有机稻 450 kg，以 1 年计算，可生产商品有机稻 4500 kg，平均价格 3.0 元/kg，可得销售收入 1.35 万元。商品鳖收入：种养 10 亩，年产商品鳖最低按 72 kg/亩计算，建成后以投产 1 年计算，可生产商品鳖 720 kg，平均价格约 180 元/kg，可得销售收入 13.5 万元，水稻和商品鳖总收入 14.85 万元。

10 亩稻田养鳖成本共用去 8.64 万元，水稻和商品鳖总收入 14.85 万元，可获得利润 6.21 万元，每亩利润为 0.62 万元。

第二节　效益分析

一、经济效益

稻田养鳖综合种养不仅使中华鳖产品的品质得到了提高，也使水稻的品质得到提升，具有非常可观的经济效益。主要表现在：

1. 提高了经济利润、节约耕地面积和资源能源

通过成本和利润估算，10 亩水稻田经过田间工程改造后，进行稻田养鳖综合种养，可获得 6.21 万元的纯利润，每亩纯利润达 0.62 万元。按每亩稻田养鳖 72 kg 计算，10 亩产 720 kg，每亩池塘产 800 kg，则节约了耕地面积 0.9 亩；0.9 亩可节约水资源 1200 m³。每亩池塘建池资金 3000 元，0.9 亩节约农业资金 2700 元。

2. 节约了肥料农药使用量和用工时间

72 kg 中华鳖排出粪便相当于 10.08 kg 纯氮，相当于节约了 21.92 kg 尿素。中华鳖的觅食活动可疏松泥土、清除田间虫害和杂草，可节约农药开支 10～15 元，节约用工时间 5～10 个劳动工时。

二、社会效益

1. 增加了中华鳖有效供给

随着稻田养鳖面积的扩大和技术水平的提高，中华鳖产量不断增加，大大提高了中华鳖的有效供给，满足了百姓对中华鳖的消费需求。

2. 提高了农民种粮积极性

农资价格上涨，种粮成本升高，以及农村劳动力转移，导致水稻播种面积减少，农民种粮积极性下降。而稻田养鳖使其经济价值提高1倍以上，大大提高了农民种粮的积极性。

3. 帮助农民脱贫致富

稻鳖种养模式投资少、见效快、种养技术容易掌握等特点，致使许多致富无门的农民通过稻鳖种养后，能短时间内增加经济收入，达到脱贫致富的目的。

4. 拓宽了公共服务覆盖范围

以稻鳖种养模式为典型模式，辐射周围种养户，从而转移农村剩余劳动力。同时，该模式促进绿色消费，增进人民身体健康，兼顾农业增产、农民增收、合作社增效和生产条件改善，实现农村农业经济结构调整与转型，具有极强的示范性和社会影响力。

三、生态效益

稻鳖综合种养具有"不与人争粮、不与粮争地"的优点，是将水稻种植与水产养殖有机结合，实现"一地多用、一举多得、一季多收"的现代农业发展模式。传统的水稻种植模式过量施用化肥和农药，导致用地不养地，致使土壤团粒结构破坏而引起土壤板结，同时引发土壤中有机物质含量和微生物活性下降，造成土壤贫瘠化，造成严重的环境污染。稻鳖综合种养模式生态有效，互惠互利，提高了土地和水资源的循环利用效率，不仅提高了商品鳖的产量和稻米的品质，而且还改善了农业生态环境。

首先，中华鳖活动可以除虫、除草，可减少种植过程中除虫剂、除草剂 50% 的施用量，生产的稻米是一种接近天然的生态稻。

其次，中华鳖在稻田中可以促进微生物生长，提高土壤养分转化率，起到保肥增肥作用，可减少 30% 化肥施用量，水稻生长过程中产生的微生物及害虫为中华鳖提供了充足的饵料，中华鳖产生的排泄物又为水稻生长提供了良好的生物肥，形成了一种优势互补的生物链，使生态环境得到有效改善，实现生态增值，具有良好的生态效益。

因此，稻鳖综合种养模式将减少农业的面源污染，起到节能减排、改善农业生态环境的作用，实现资源节约、环境友好，达到建设环境优美的社会主义新农村的目的。

第三节　典型案例

这是对湖南南县和滨特种水产养殖公司进行的典型案例分析。该公司位于南县洞庭湖生态经济创新示范区罗文村的龟鳖生态园内。该公司坚持走生态、绿色发展的道路，养殖模式有池塘和稻田养殖中华鳖两种模式。该公司产品——南县中华鳖于 2006 年、2012 年获得绿色食品认证和无公害农产品认证，于 2015 年获得中国地理标志证明商标注册，2019 年获得农村农业部农产品地理标志产品标志。该公司稻田养鳖面积 60 亩左右。以下是该公司的稻鳖养殖模式简介。

1. 稻田条件

稻田选在环境安静、交通便利、地势平坦、通风向阳的南县龟鳖生态园内，这里水源充足、水质良好、无工业和生活污水的污染，且排灌方便，保水力强，天旱不干、洪水不淹，电源、能源和饵源供应充足。园内稻田土壤为无污染、肥沃且保水力强的黏性土壤，且田埂坚固结实（图 8-1）。

图 8-1　稻田条件

2. 田间工程

（1）每 10 亩为一个单元格，在单元格内开挖环形宽沟，宽沟宽 2.0 m，窄沟宽 0.8 m，沟深 1.2～1.5 m；外田埂宽 2 m，内田埂宽 30 cm，外田埂比内田埂高 20～30 cm。

（2）用木板搭制成食台，一端用绳子固定在岸上，另一端入水（图 8-2）；外田埂用 80 cm×80 cm 的瓷砖防逃，地下一端插入地下 30 cm，地上一端为 50 cm，且需要护坡，以防垮掉（图 8-3，图 8-4）；内田埂兼具晒台的作用。

图 8-2　木板食台

图 8-3　防逃瓷砖

图 8-4　护坡

（3）进水排水系统。水稻田为高低田，进水口为涵洞，涵洞上方为 2 m 宽的机耕道；出水口为活动弯管，安装有防逃网罩。

3. 稻田准备

（1）消毒

中华鳖苗种放养前半个月，稻田清除杂物并曝晒后，按每亩 50～

100 kg 的标准用生石灰调节水质，对稻田鳖沟进行消毒处理 1 次。

（2）水草种植

稻田消毒 7～10 天后，在环形沟内移植适量的水葫芦，移植面积占环形沟面积的 25％。

（3）平整施肥

稻田平整后，每亩施 200 kg 有机肥，20 kg 复合肥。

4. 中华鳖投放

中华鳖来源为自繁自养，投放时间为 2018 年 4 月中旬，投放规格 0.6 kg/只，投放密度为每亩 100 只，投放时消毒处理。

5. 水稻栽插

水稻品种选择抗稻瘟病和抗高温能力较强、耐肥抗倒的黄华占，于 6 月下旬抛秧。

6. 日常管理

（1）饲料来源与投喂

南县地处洞庭湖低洼地，盛产鱼虾。因此，选择小鱼、小虾、新鲜鱼肉或动物内脏鲜鱼打浆拌配合饲料，混合均匀后投喂。配合比例为 0.6～0.65 千克鱼浆（1 元/千克）＋饲料（3.0～3.25 元/千克）。每天 1 次，下午 3：00 左右投喂。投喂量为鳖体重的 0.5％～1％。

（2）水位控制

4 月中旬放入中华鳖，田刚好浸水，抛秧时水深 2 cm，30 天后水深 4～5 cm，等禾苗高 50 cm 后，保持水深 10 cm 左右；水稻高 70～80 cm后，保持田间水深 20 cm，并控制好水温和控制稗草生长。

（3）水体消毒

每 20～30 天用生石灰（50 kg/亩）或用一元二氧化氯（1 袋/5 亩）消毒水体 1 次，防止中华鳖生病。

（4）水质调控

看水：透明度 20～30 cm，即把手放入水中，能看清自己的手尖。天气变化：变化前，水很浓很黑，说明肥料好，若水浑浊，说明水瘦。水肥时用三效改底剂进行改底。水瘦时需要培肥：用过磷酸钙＋育肥，均按说明书进行，水还瘦，则过一周再加。

（5）日常管理

坚持每天早晚巡田2次。以便观察中华鳖吃食情况、水位变化情况和防逃设施是否有损坏或漏洞，做好防鼠防害、防盗防偷，做好养中华鳖稻田与对照稻田的日常生产记录。

（6）生态防控

使用诱蛾灯（300元/个，2个/10亩）进行生态防控。

7. 收获、捕捞与运输

（1）水稻收获

稻粒饱满，籽粒坚硬并变成金黄色，即95％稻粒达到完熟时采用收割机收获。水稻秸秆还田利用（图8-5、图8-6）。每亩水稻产量为400～450 kg，销售价格3.0元/kg以上。

图8-5　成熟水稻

图8-6　水稻秸秆还田

（2）中华鳖收获

9～11月，采用人工捕捞和集中捕捞的方式（图8-7、图8-8）进行捕捞。捕捞规格0.8～1 kg/只，107～120 kg/亩（70%的成活率）；销售时用尼龙袋独只包装（图8-9），运输装箱时2层放置，中华鳖侧放，最上方加冰，销售价格110～120元/kg。

图8-7　人工捕捞

图8-8　集中捕捞

图8-9　尼龙袋包装

第九章　中华鳖的综合利用与销售

鳖类动物最早出现在近 2 亿年前的古生代晚期，能延续至今的动物也只有鳖类，所以鳖类为最古老、构造极特殊的爬行动物，这也说明其体内含有某些特殊的营养素及多种长寿因子，具有了极强的生命力，才能适应环境的巨变。因此鳖类很早就被人类认定为有较高营养和滋补价值的动物。西周就设有专门负责捕捉野生鳖供奉王室的"鳖人"，在汉代末期《礼记》中记载"禽兽鱼鳖不中杀，不粥于市"，强调了繁殖保护，不准滥捕。秦汉三国时代的《神农本草经》记载了鳖甲和肉治疗疾病的功能。随着科学技术的发展，对鳖的利用也会更深入更广泛。

第一节　营养价值

一、一般营养成分

鳖肉具有鸡、鹿、牛、羊、猪 5 种肉的美味，故素有"美食五味肉"的美称，是水产品中的珍品，深受广大消费者喜欢。但是生长方式对其营养成分有一定的影响（表 9 - 1），如野生鳖由于在野外环境摄食活动量大使得组织致密，蛋白质含量升高；温室鳖由于养殖面积小、环境变化刺激少，摄食消耗相对较少且摄食量增多，导致温室鳖腿肉脂肪含量增加。中华鳖肌肉和裙边中均检测出了 17 种酸解氨基酸，且肌肉中鲜味氨基酸以谷氨酸含量最高，裙边中以甘氨酸含量最高；其次是谷氨酸，中华鳖腿肉与裙边的氨基酸总量、必需氨基酸总量和呈味氨基酸总量均为野生鳖＞池塘鳖＞温室鳖。中华鳖脂肪酸以不饱和脂肪酸（75.43%）为主，其中，高度不饱和脂肪酸占 32.40%，为牛肉的 645 倍，罗非鱼的 2.54 倍。

表 9 - 1　　不同养殖模式下中华鳖营养成分比较　　%

部位	生长方式	蛋白质	粗脂肪	灰分
腿肉	温室	78.21	18.69	4.59
	仿生	82.88	13.68	4.43
	野生	83.53	12.61	4.07
裙边	温室	94.92	4.25	1.45
	仿生	94.48	3.79	1.79
	野生	95.97	3.18	1.26

（引自冒树泉、宋理平等）

二、功能成分

中华鳖的腿肉、裙边、背甲等部位不仅含有蛋白质、脂质等多种重要的营养素，还含有多糖、牛磺酸、胶原蛋白、维生素 B_{17} 等具有重要生理调节功能的成分。

多糖是由许多单糖分子通过糖苷键连接成的一类大分子糖类，是继蛋白质、核酸之后的又一重要信息物质，主要有氨基半乳糖、氨基葡萄糖、甘露糖、葡萄糖、半乳糖醛酸、半乳糖、葡萄糖醛酸及戊糖等物质，具有调节免疫力、抗肿瘤、抗病毒、抗辐射及延缓衰老等功效。

牛磺酸是一种含硫氨基酸，以游离的状态存在于组织中。它具有保护视网膜、促进大脑发育、增加心脏收缩能力、调节钙的代谢、提高机体的非特异性免疫等作用。中华鳖胆汁中牛磺酸含量最高达 9.55 mg/g。

胶原蛋白是生物体内一种重要的蛋白质。中华鳖的裙边含有极丰富的胶原蛋白，具有预防心血管疾病、补钙、防止皮肤老化、去皱纹等功效。

维生素 B_{17} 为人体非必需的维生素，它具有镇咳平喘、润肠通便、抗肿瘤等功效。

第二节　食用方法

鳖蛋白质含量高，营养丰富全面，是高营养价值的水产品，深受人们喜爱，是有其科学依据的。首先，鳖蛋白质含量高，据报道，每 100 g 中华鳖肉含蛋白质 14.9～17.4 g，脂肪 0.2～4.0 g，灰分 0.8～1.0 g，水分 56～83 g。每 100 g 裙边共含 18 种氨基酸，包括了人体 8 种必需氨基酸和 10 种人体半必需氨基酸，是人体生长的基本要素，能使神经、大脑、肌肉具有活力，促进新陈代谢，并有强精、生血的功能。其次，不饱和脂肪酸的含量高、种类多，含有能抑制肿瘤发生或转移作用的 DHA（二十碳五烯酸）和 EPA（二十二碳六烯酸），还有与小麦胚芽、米糖相同的植物性亚油酸，都是人体必需脂肪酸，可抑制血小板凝结，防止血栓形成和动脉硬化，能降低体内有害的胆固醇。因此，吃鳖能净化血液，防止心血管疾病和抗癌。

鳖营养成分还有一大特征就是含有丰富的维生素和矿物质，尤其是维生素 E，具有抗氧化功能、防止人体细胞老化、化解恶性肿瘤的重要作用。另外鳖裙边中含有丰富的维生素 B_{17}，为一种抗癌物质。也因为含有丰富的矿物质和灰分，可以称之为"碱性食品"，民间有"吃鳖健脑""吃鳖使人聪明"的说法。

鳖肉以春秋二季最为肥嫩，春季时，经过冬眠期养精蓄锐后鳖的食量大增，长得肥嫩，称之为"菜花中华鳖"；秋季的鳖过了繁殖期，喂养一段时间后，体肥味鲜，谓之"桂花中华鳖"；冬季鳖进行冬眠，极为珍贵，江南地区有"冬鳖夏鳗"之赞誉。

一、宰杀方法

鳖生性凶猛，四肢挣扎有力，宰杀时稍不注意就会被其咬伤，故宰杀时要格外小心。

第一种方法是用手紧扣鳖后两肢窝，将其翻转过来放在菜板上，待其伸长脖子企图翻身时，趁机快速持刀剁掉鳖头，然后将颈部朝下放血。再用刀从前端背腹韧带处入手，切开背甲。首先摘除膀胱，防止尿液流出，其次取出肝、胃、肠及其他内脏，再切开腹甲，并把鳖肉切成块。鳖甲和头部熬汤。

第二种方法就是将整只鳖放入沸水中1～2分钟，至甲壳上硬皮能脱落，取出剥离背甲表皮，洗净，再用刀切开背甲，打开腹腔，洗净后备食。

二、烹饪方法

鳖肉烹饪方法多，根据人们口味的不同，选用不同的烹饪方法。一般为红烧、清炖或爆炒。

（一）红烧冰糖鳖

1. 原料

鳖1只（1000 g左右），猪油700 g，清水750 g，板油30 g，料酒30 g，葱段10 g，姜片10 g，冰糖75 g，酱油20 g，盐10 g，香醋10 g，水淀粉60 g。

2. 做法

（1）炒锅烧热，加入猪油，投入葱姜。稍微爆炒一下，倒入鳖块，翻炒几下，加入料酒，加盖稍微焖片刻，揭盖放入板油丁和清水。

（2）大火烧开，然后改用小火焖30分钟，揭盖，捞去葱姜，再加入酱油、盐、冰糖。

（3）待肉块变酥后改为大火，放入香醋，用水淀粉勾芡，搅拌均匀后加入猪油，略炒一下。

（4）将肉块装入碗内，将锅底浓汁浇在肉上，即色、香、味俱全。

（二）清蒸中华鳖

1. 原料

鳖1只（1000 g左右），香菇10 g，猪油75 g，盐10 g，味精1.5 g，香葱20 g，蒜泥10 g，生姜20 g，料酒25 g，湿淀粉50 g，猪肉汤300 g，醋10 g。

2. 做法

（1）鳖宰杀后，洗净剁成2 cm小块，放入碗内，鳖卵放在沸水锅中稍煮。

（2）炒锅烧热，加入猪油，放入葱、姜炒一下，放入鳖块，大火炒2～3分钟，加入盐、味精、猪肉汤、料酒，煮5分钟。

（3）当汤汁呈胶质状时，关火，将菜盛放碗内，加入葱、姜，加入裙边，大火蒸50～60分钟。

（4）原炒锅下猪肉汤，放入鳖卵、盐、味精、香菇、醋，大火烧开3分钟，用湿淀粉调稀勾芡，加入熟猪油，撒上蒜泥，片刻后淋在蒸煮的鳖肉块碗内。

（三）清炖鳖汤

1. 原料

500 g左右的鳖一只，火腿、香菇、姜、蒜、葱、料酒、盐各适量。

2. 做法

（1）鳖剖开、清洗后，剔除内脏和四肢内的黄油，切断四肢和尾梢。腹甲放入锅底，将内脏、四肢、尾、火腿、香菇、姜、蒜、葱、盐等放入腹甲上，然后盖上背甲，最后加入料酒和水。

（2）大火烧开后，改为小火，慢慢焖约1小时即可。清炖时间根据个人口味和鳖大小可适当增减时间。

（四）虫草炖鳖

1. 原料

鳖 1000 g，冬虫夏草 10 g，红枣 6 颗，料酒 5 g，盐 6 g，味精 3 g，葱 15 g，姜 3 g，蒜 3 g，清汤 1000 g。

2. 做法

（1）鳖切成四大块，放入冷水锅中烧沸，捞取，割开四肢，剥去腿油，洗净，冬虫夏草洗净，红枣用沸水浸泡。

（2）中华鳖块放入汤碗中，上放冬虫夏草、红枣，加料酒、盐、葱、姜、蒜和清汤，盖上圆盘，上蒸锅蒸煮约 2 小时，取出，揭盖加入味精，拣去葱、姜。

三、食用注意事项

（一）死鳖不能食用

鳖死后，由于其鳖肉蛋白质含量高，细菌快速繁殖，迅速将蛋白质中的组氨酸转化为组胺。组胺是一种有毒物质，当食物中组胺数量达到一定浓度时，人吃了后就会在几分钟到几十分钟内发生组胺中毒，轻者头晕、头疼、心慌、胸闷，重则呼吸急促、心跳加快、血压下降，有的还气喘、恶心、呕吐、腹泻，口、舌、四肢发麻和引起风疹等症状。

（二）有些病人不宜吃鳖

鳖是高级滋补品，但有些人群不宜吃鳖。如有肝性脑病趋势病人不宜吃，易促使其昏迷。急性、慢性肾炎和肾衰竭的病人，需禁食高蛋白食物，不宜吃鳖肉，否则增加肾脏负担。孕妇、腹泻者也不宜食鳖。

第三节　药用价值

鳖的价值高，不仅在食品中营养丰富、味道鲜美，而且是药用动物，全身均可入药。在我国，鳖作药用有较长的历史，最早是鳖的背甲，然后是头、血、胆等。可以说鳖全身是宝，充分利用其药用价值，可大大提高鳖生产的附加值。据日本东京大学等研究确认，鳖制品有明显的抗癌作用，对提高人体免疫力、促进新陈代谢、延缓衰老有积极作用。目前我国以鳖为原料制作的滋补品、饮剂和胶囊制剂已在市场上普遍销售。

一、鳖血

鳖新鲜血液，其性平味甘、咸，外用或内服，具有滋阴清热、活血通络作用。主要用于治疗口眼㖞斜、虚劳潮热、阴虚低热、脱肛、小儿疳劳等疾病（《药性论》）。鳖血清可抑制艾氏腹水癌细胞。

二、鳖甲

鳖甲是鳖的干燥背甲（背壳），含有骨胶原、碳酸钙、磷酸钙、多种氨基酸及钠、铝、钾、锰、铜等10多种微量元素，常将背甲熬成胶块，俗称鳖甲胶。其味咸、性平，归肝、肾经，具有补血、抗肿瘤、增强抵抗力和滋阴清热等多种功效，常用于治疗阴虚发热、小儿惊痫、骨蒸劳热、经闭经漏等疾病。内服：熬膏或入丸、散。外用：研末或调散。脾胃阳衰、食减便溏者慎服（《本草纲目》）。

三、鳖肉

鳖的肉为滋补食品，鲜用或冷藏，味甘、性平，入肝经。具有滋阴补肾、清退虚热的功效（《随意居饮食谱》）。主要用于治疗虚劳羸瘦、骨蒸劳热、久痢、崩漏、带下等疾病（《日用本草》《日华子本草》）。煮食或入丸剂。

四、鳖头

鳖的头部，气腥，味甘、咸，性平，具有补气助阳之功效。鳖头烧灰用于治疗久痢、脱肛、产后子宫下垂、阴疮等疾病（《中药志》）。

五、鳖胆

鳖胆汁含有两个内酯：三羟基甾族胆烷酸内酯及其多一个"CH_2"的内酯。新鲜胆汁，味苦，性寒。外用：具有解毒消肿的功效，用于治疗痔瘘（《本草纲目》）。取胆汁磨香墨，入麝香、冰片少许，鸡毛蘸涂。

六、鳖卵

5～8月产卵期在河、湖及池塘岸边收集，鲜用或冷藏，味咸、性寒。内服，具有补阴、止痢功效。主要用于治疗小儿久泻久痢等疾病。

七、鳖脂

鳖脂是鳖的脂肪，又名鳖膏、鳖油，个体较大的成鳖，脂肪含量可达总体重的10%左右。取出鳖体内脂肪，放入煎锅中，用小火加热，将煎熬出的油脂放入容器中保存备用。

鳖脂鲜用，性平，味甘、咸，内服，具有滋阴养血、乌须发的功效，为滋养强壮药（《现代实用中医》），是治疗痔疮的特效药。对于油漆、膏药引起的皮炎或湿疹、皮肤溃烂、烫伤、外伤、结核、便秘等也有一定疗效。鳖脂中含有大量的不饱和酸，因此还用于高级化妆品中，并在市场上出售。

八、食疗方剂

1. 治疗慢性肾炎　用鳖肉 500 g，大蒜 100 g，白糖、白酒各适量，加水炖熟食之，每周 2 次，两周为一个疗程。

2. 治疗久痢久疟　用鳖 1 只，去内脏，加猪板油 50 g，加盐少许，清炖。每天服汤食肉 1 次，5 天为一个疗程。

3. 治疗脱肛　取鳖 1 只，放血，去内脏，沸水烫后去除表皮，清炖，加盐调味食之。10 天为一个疗程，2 天服 1 次。

第四节　商品鳖的销售

一、质量等次与鉴定

对于作为商品出售的鳖，一般要求规格在 400 g 以上，体形完整，健康无病，无异味。此外，商品鳖按照体形、体色、活动能力、品质安全性等，可分为三个等级，即上等品、中等品和下等品。

上等品：整个身体呈圆形，表面平滑，背部青绿色，色泽鲜明油润，裙边宽厚，腹甲带金属色并有光泽，四肢基部呈黄色，肌肉丰满，爬行敏捷。

中等品：甲壳表面平滑并有光泽，背部为茶褐色（人工养殖鳖呈淡黑色），体圆形，腹部及四肢基部为赤色，裙边宽厚带青绿色，翻身较为灵活。

下等品：背甲皮肤薄而皱，背部为暗黑色，腹部及四肢基部为青白色或淡红色，裙边狭而薄，爬行缓慢。

顾客在购买商品鳖时，通过外观鉴定，选择中、上等品进行购买。同时在购买过程中还可通过查看鳖产品的相关检测分析报告，附以现场解剖来判断商品鳖的品质。

1. 外观鉴定

凭眼观、手捏、翻倒身体等方法，对体形、体重、活动能力、体色以及特殊特征进行商品鳖的等级判断，选择高品级鳖进行购买。

2. 内部解剖鉴定

解剖鳖，检查血液是否鲜红，肌肉是否有弹性。查看脂肪颜色是否正常，呈金黄色，表示鳖品质佳；脂肪呈奶油色，脂肪带白色或略带灰色，表示鳖品质中等；脂肪呈土黄色并发臭，表示鳖品质差。观察胃、肠、肝脏、胆囊、生殖腺等位置、形态、色泽是否正常，大小是否适宜，有无病变、腹水和特殊气味，有无穿孔或破裂等病理症状。如有病理变化，禁止销售，并取病理组织进行水产动物传染病的快速检测，如选择性培养基、荧光抗体技术、酶标记免疫诊断、葡萄球菌 A 蛋白协同凝集试验、酶联免疫吸附检测法、斑点酶联免疫吸附技术、核酸探针技术等，这些方法技术成熟，准确快速。

3. 品质鉴定及安全卫生指标鉴定

我国食品都有等级标准，因此在购买商品鳖时还可查看是否配有食品等级证（无公害食品、绿色食品、有机食品）。检查商品鳖肉质中重金属、药物残留等指标是否符合 NY5073--2006《无公害食品　水产品中有毒有害物质限量》和 NY5070《无公害食品　水产品中渔药残留限量》的规定。

二、销售途径与方法

产品销售是指产品生产者与产品市场经营者为了实现产品价值而进行的一系列产品价值的交易活动。产品生产者或市场经营者可以调查预测市场、评价分析营销环境，确认消费者的需求满意情况以及客观存在的市场机会，借助市场分析、目标市场选择以及市场定位来增强自身竞争能力。养殖场可以通过调控产品、价格、渠道、促销等营销组合因素来满足市场需求，赢得市场忠诚和竞争优势。总之，产品销售就是深刻认识和了解顾客，制定、组织、执行销售策略，选择最佳销售渠道，满足群众消费需求，获得较好经济效益的过程。

"营销渠道"是产品从生产者转移到消费者的分销过程，产品从生产者向最后消费者和产业用户转移是直接或间接转移所有权的途径，包括供应商、经销商（批发商、零售商等）、代理商（经纪人、销售代理等）、辅助商（运输公司、独立仓库、银行、广告代理、咨询机构等）。

营销渠道不仅仅是产品从生产者向消费者移动的途径，更是表现在渠道各成员间在产品移动过程中所承担的营销职能及为承担这些职能而建立起的各种联系。正是这种职能变化和渠道成员关系的变化促使了营销渠道的不断发展。销售渠道能加速商品流通，节省流通费用，促进生产，引导消费，扩大销售范围，提高产品销售能力，平衡产品的供与求。

目前中华鳖常见的销售渠道有专业市场销售、销售公司销售、合作组织销售、销售大户销售、农户直接销售、网络销售和促销。不同销售渠道，存在不同的弊端，养殖户根据自己当地的交通与市场情况，结合自身的条件，分析当时的市场容量，选择合适的销售渠道。

1. 专业市场销售

专业市场销售即通过建立影响力大、辐射能力强的农产品专业批发市场来集中销售农产品。专业市场销售以其具有的诸多优势越来越受到各地的重视。

专业市场销售具有以下优点：①销售集中、销量大。对于小规模养殖户，这种销售方式无疑是一个很好的选择。②对信息反应快，为及时、集中分析、处理市场信息，做出正确决策提供了条件。③能够在一定程度上实现快速、集中运输，妥善储藏，加工及保鲜。但是专业市场销售途径存在一定问题，市场管理体系不健全，一些专业销售市场在从事购销经营活动中，一手压低收购价，一手抬高销售价，使当地市场价格信号失真，管理混乱，而且养殖户利益受损。

2. 销售公司销售

通过销售公司先从养殖户手中收购产品，然后外销。养殖户和公司之间的关系可以由契约界定，也可以是单纯的买卖关系。这种销售方式在一定程度上解决了"小养殖户"与"大市场"之间的矛盾，养殖户不用担心产品销售问题。但是，养殖户选择销售公司时，由于组织结构相对复杂和契约约束性弱等原因，使得这种模式具有较大风险。比如当供大于求时，合同价格大于市场价格时，公司不按合同价格收购契约户鳖产品。反之，当供不应求时，市场价格高于合同价格，如果按照合同销售鳖产品的话，养殖户经济利益严重受损。

3. 合作组织销售

合作组织销售即通过综合性或区域性的社区合作组织，如流通联合体、贩运合作社、专业协会等合作组织销售产品。购销合作组织为养殖户销售产品一般不采取买断再销售的方式，而是主要采取委托销售的方式。所需费用，通过提取佣金和手续费解决。这样购销合作组织和养殖户之间是利益均沾和风险共担的关系。

4. 销售大户销售

集中收购产品，然后销往全国各地，也可联系外地客商前来收购。这种销售渠道具有适应性强、稳定性好的特点，但销售大户难以对瞬息万变的市场信息进行有效的搜集和分析处理，对市场预测能力差，销售能力有限。

5. 直接销售

直接销售就是养殖户根据本地区和周边地区市场行情，通过自家人力、物力与资源把产品销往市场的过程。这样既有利于本地区产品及时售出，又有利于满足周边人民生活需要，也避免了经纪人、中间商、零售商的盘剥，能使养殖户获得最大经济利益。但不足点是，销量不大也不稳定，不太适合规模化鳖养殖场作为销售渠道。

6. 网络销售

网络销售即通过互联网络进行销售。网络销售宣传范围广，信息传递量大、信息交互性强，为规模养殖场可选择的销售途径之一。

附录一　稻田养鳖技术规程
（DB43/T 1413—2018）

1. 范围

本标准规定了稻田养鳖的环境条件、稻田设施、稻种选择与栽种、鳖种放养、饲养管理、病害防治、捕捞运输和养殖记录。

本标准适用于湖南省稻田养鳖。

2. 规范性引用文件

下列文件对于本标准的应用是必不可少的。凡是注日期的引用文件，仅所注日期的版本适用于本文件。凡是不注日期的引用文件，其最新版本（包括所有的修改单）适用于本文件。

GB 3828（Ⅲ）地表水环境质量标准

GB 11607 渔业水质标准

GB 13078 饲料卫生标准

GB 15618 土壤环境质量标准

GB/T 18407.4 农产品安全质量　无公害水产品产地环境要求

NY 5051 无公害食品　淡水养殖用水水质

NY 5066 无公害食品　中华鳖

NY/T 5067 无公害食品　中华鳖养殖技术规范

NY 5071 无公害食品　渔用药物使用规范

NY 5072 无公害食品　渔用配合饲料安全限量

SC/T 1009 稻田养鱼技术规范

SC/T 1047 中华鳖配合饲料

SC/T 9101 淡水池塘养殖水排放要求

DB43/T 634 畜禽水产养殖档案记录规范

3. 环境条件

3.1　土壤

土壤保水性好，适宜稻谷栽种和生长。土壤质量符合 GB 15618 规定，环境要求符合 GB/T 18407.4 规定。

3.2 水源水质

水源充足，无污染，排灌方便，不受旱、涝影响，水源水质应符合 GB 3838（Ⅲ）、GB 11607 和 NY 5051 的规定。

4　稻田设施

4.1　稻田面积

适宜面积 0.2～0.7 hm²。

4.2　田埂加固

田埂夯实加固，高 0.4～0.5 m，宽 0.6～0.8 m，坡比 1∶1～1∶2。

4.3　开挖鳖沟鳖溜

根据稻田形状、面积大小开挖鳖沟，呈"田"字形、"井"字形、"十"或"X"字形，沟宽 2～3 m，沟深 0.6～1 m。面积超过 0.4 hm² 的稻田，宜增设 1～2 个鱼溜，每个面积 6～10 m²。沟、溜面积占稻田总面积的 10%～15%。

4.4　搭建食台

每 0.1～0.2 hm² 稻田应设一个饵料台，长 2 m，宽 0.5 m，饵料台一端露出水面，另一端没入水中 0.2～0.3 m。食台兼作晒背台用。

4.5　防逃设施

田埂内侧加设内壁光滑的水泥板、石棉瓦或者防护网，高出地面 0.5 m 左右，底端埋入地下 0.2～0.3 m。

4.6　进排水

稻田进、排水口应对角设置，并安装防逃设施。

5. 稻种选择与栽种

选择生长期长、植株高、抗倒伏的单季稻品种。采用宽窄相间栽种技术。

6. 鳖种放养

6.1　沟溜消毒

在鳖种放养前的 10～15 d，用生石灰 50 kg/667 m² 对沟溜进行带水消毒处理。

6.2　螺蛳投放

4 月、8 月在鳖沟内投放两次活螺蛳，每次投放 100～200 kg/667 m²。

6.3　放养时间

在秧苗移栽 20 d 后放养鳖苗种。放养时温差不超过 3 ℃。

6.4　鳖种消毒

放养前，用 3%～4% 浓度的食盐水浸泡 10～15 min 或用 10～20 mg/L 高锰酸钾溶液浸泡 20 min。

6.5　放养规格与密度

规格为 150～250 g 的幼鳖投放 150～200 只/667 m²；规格为 500 g 左右的幼鳖投放 80～100 只/667 m²。

7. 饲养管理

7.1　饵料及投喂

7.1.1　饵料种类

动物性饵料以小鱼、小虾、新鲜鱼肉或动物内脏为主，配合饲料依据生长各阶段营养需求按 SC/T 1047 的规定配制，饲料质量应符合 GB 13078 和 NY 5072 的规定。

7.1.2　投喂量

配合饲料的日投喂量为鳖体重的 1%～2%；鲜活饵料的日投喂量为鳖体重的 4%～6%。每天上午、下午各投喂一次，每次投喂量以 1.5 h 左右吃完为宜。根据天气和水温调整投喂量。当水温降至

15 ℃以下时，停止饵料投喂。

7.1.3　投喂方式

鳖种放养后，可以直接投喂配合饲料，也可将动物性饲料切成小块或制成肉糜混合到配合饲料中进行投喂。饵料投放于食台靠近水面的位置。

7.2　田间管理

7.2.1　稻田用药

稻田用药前先降低水位，用药方法按 SC/T 1009 的规定执行。

7.2.2　稻田施肥

适宜选用有机肥料，在发酵腐熟后施用；肥料不得直接洒在鳖沟内；减少化肥使用量。

7.2.3　水质管理

根据水稻和中华鳖的不同生长时期，适当增减水位，一般保持在 0.05～0.15 m。高温季节，在不影响水稻生长的情况下，保持水位在 0.2 m 左右。定期用生石灰进行鳖沟消毒，用量 20～30 g/m³，也可配合使用微生态制剂。定期注换新水。养殖排放水应符合 SC/T9101 的规定。

7.2.4　日常管理

每天早、中、晚坚持巡查，检查鳖的摄食和活动情况；及时清除残渣剩饵和鳖沟内的漂浮物；检查防逃设施。

8. 病害防治

8.1　防治方法

以预防为主，防治结合，防治方法参照 NY/T 5067 的规定执行。

8.2　药物使用

药物使用和休药期按 NY 5071 的规定执行。

9. 捕捞运输

根据市场需求和鳖的生长情况采用地笼、排叉等方法捕捉。运输按照 NY 5066 规定执行。

　　10. 养殖记录

　　按 DB43/T 634 的规定执行。

附录二　中华鳖、亲鳖和苗种
(SC/T 1107—2010)

1. 范围

本标准规定了中华鳖、亲鳖和苗种的来源、质量要求、检验方法和判定规则。

本标准适用于中华鳖、亲鳖和苗种的质量评定。

2. 规范性引用文件

下列文件对于本文件的应用是必不可少的。凡是注日期的引用文件，仅注日期的版本适用于本文件。凡是不注日期的引用文件，其最新版本（包括所有的修改单）适用于本文件。

GB/T 18654.2 养殖鱼类种质检验第 2 部分：抽样方法

GB 21044 中华鳖

NY 5070 无公害食品　水产品中渔药残留限量

NY 5073 无公害食品　水产品中有毒有害物质限量

农村农业 1192 号公告- 1 - 2009 水产苗种违禁药物抽检技术规范

3. 术语和定义

GB 21044 确立的术语和定义适用于本文件。

4. 亲鳖

4.1　来源

4.1.1　由持有国家行业主管部门发放生产许可证的中华鳖原良种场生产的亲鳖，或从上述原良种场引进的中华鳖苗种，经以动物性鲜活饵料为主培育成的亲鳖。

4.1.2　从中华鳖天然种质资源库或从江河、水库、湖荡等未经人工放养的天然水域捕捞的亲鳖，或从上述水域采集的中华鳖苗种，经以动物性鲜活饵料为主培育而成的亲鳖。

4.1.3　严禁近亲鳖繁殖的中华鳖后代用作亲鳖。一般生产单位（非原良种场）繁殖的雌鳖、雄鳖不得同时留作本单位的亲鳖。

4.2　质量要求

4.2.1　种质

应符合 GB 21044 的规定。

4.2.2　年龄

用于繁殖的中华鳖亲鳖年龄要求见表1。

表 1　用于繁殖的中华鳖亲鳖年龄

地理区域	雄亲鳖年龄	雌亲鳖年龄
华南地区	2 冬龄以上	3 冬龄以上
长江中下游地区	3 冬龄以上	4 冬龄以上
江淮地区	4 冬龄以上	5 冬龄以上
黄河以北地区	5 冬龄以上	6 冬龄以上

4.2.3　外观

4.2.3.1　躯体

身体完整，体表无病灶，无伤残、无畸形。

4.2.3.2　背体色

背体色随水色的变化而变化，鲜艳、有光泽。

4.2.3.3　裙边

裙边舒展，无残缺，不下垂，不上翘。

4.2.3.4　尾长

雄性亲鳖露出裙边外 1.5 cm 以上；雌性亲鳖不露出裙边外。

4.2.3.5　头

头能伸缩自如，口颈无钓钩或无钓线残留。

4.2.3.6　腹部

腹部平整、光洁；四肢窝无注射针孔的红斑点，体腔不水肿。

4.2.4　可量性状

4.2.4.1　体重

雄亲鳖和雌亲鳖均应大于 1000 g。

4.2.4.2　背甲长/体高比

雌亲鳖 2.7～3.3。

4.2.5　健康状况

无细菌、病毒、寄生虫等病原寄生及营养缺乏、环境不良等因素引起的疾病。

4.2.6　活力

4.2.6.1　行动

在水中能快捷游动，在陆地上能快捷爬行。

4.2.6.2　反应

外界稍有惊动即能迅速逃逸。

4.2.6.3　翻身

人为将其躯体腹部朝上 3 次以上，均能迅速翻身逃逸。

5　苗种

5.1　来源

由符合第 4 章规定的亲鳖所繁育的苗种。

5.2　质量要求

5.2.1　种质

应符合 GB 21044 的规定。

5.2.2　外观

5.2.2.1　躯体

躯体完整，体表无病灶，无伤残，无畸形，同批苗种应规格整齐。

5.2.2.2 腹部

卵黄囊已全部吸收，脐孔封闭。

5.2.2.3 体色

背甲呈黄褐色，无白化；腹部呈红色，且颜色越浓，体质越健壮。

5.2.2.4 裙边

裙边舒展，无残缺，不下垂，不上翘。

5.2.3 可量性状

中华鳖优质苗种的背甲生长与体重对照见表2。

表 2 中华鳖优质苗种背甲长与体重关系

体重/g	4～10	10～20	20～30	30～40	40～50
体长/cm	2.8～4.0	4.0～5.2	5.2～5.8	5.8～6.4	6.4～7.1

5.2.4 健康状况

按4.2.5的规定执行。

5.2.5 活力

按4.2.6的规定执行。

5.2.6 质量安全要求

应符合 NY 5070 和 NY 5073 的规定。

6. 检验方法

6.1 取样

按 GB/T 18654.2 规定的方法进行。

6.2 测定

6.2.1 种质检测

按 GB 21044 的规定执行。

6.2.2 亲鳖年龄

查阅养殖档案确定。

6.2.3　感官检测

在光线充足的环境中用肉眼目测。

6.2.4　体重

先用吸水纸吸去体表附水，再用感量为 0.1 g 的天平称量。

6.2.5　体长

用精度为 0.1 mm 的数显游标卡尺测量。

6.2.6　违禁药物和有毒有害物质检测

6.2.6.1　违禁药物检测

按农村农业部 1192 号公告- 1 - 2009 的规定执行。

6.2.6.2　有毒有害物质检测

按 NY 5073 的规定执行。

6.2.7　钓钩检测

用手持金属探测器探测。

7. 判定规则

7.1　亲鳖

亲鳖检验结果全部达到第 4 章规定的各项指标要求，则判定本批中华鳖亲鳖合格。亲鳖检验结果中有两项及两项以上指标不合格，则判定不合格。亲鳖检验结果有一项指标不合格，允许重新抽样将此项指标复检一次，复检仍不合格的，则判定不合格。

7.2　苗种

苗种检验结果全部达到第 5 章规定的各项指标要求，则判定本批中华鳖苗种合格。苗种检验结果中若违禁药物和有毒有害等安全指标有一项不合格即判定不合格。其他有两项及两项以上指标不合格，则判定不合格。

附录三　水产养殖常见禁用药物名录

序号	药物名称	英文名	别名
1	孔雀石绿	Malachite green	碱性绿
2	氯霉素及其盐、酯	Chloramphenicol	
3	己烯雌酚，及其盐、酯（包括琥珀氯霉素）及制剂	Diethylstilbestrol	己烯雌酚
4	甲基睾丸酮及类似雄性激素	Methyltestosterone	甲睾酮
5	硝基呋喃类	—	—
	呋喃唑酮	Furazolidone	痢特灵
	呋喃它酮	Furaltadone	—
	呋喃妥因	Nitrofurantoin	呋喃坦啶
	呋喃西林	Furacilinum	呋喃新
	呋喃那斯	Furanace	P - 7138
	呋喃苯烯酸钠	Nifurstyrenate sodium	—
6	卡巴氧及其盐、酯	Carbadox	卡巴多
7	万古霉素及其盐、酯	Vanomycin	—

续表1

序号	药物名称	英文名	别名
8	五氯酚钠	Pentachlorophenol sodium	PCP-钠
9	毒杀芬	Camphechlor (ISO)	氯化莰烯
10	林丹	Lindane 或 Gammaxare	丙体六六六
11	锥虫胂胺	Tryparsamide	—
12	杀虫脒	Chlordimeform	克死螨
13	双甲脒	Amitraz	二甲苯胺脒
14	呋喃丹	Carbofuran	克百威、大扶农
15	酒石酸锑钾	Antimony potassium tartrate	—
16	各种汞制剂	—	
	氯化亚汞	Calomel	甘汞
	硝酸亚汞	Mercurous nitrate	—
	醋酸汞	Mercuric acetate	乙酸汞
17	喹乙醇	Olaquindox	喹酰胺醇
18	红霉素	Erythromycin	—
19	阿伏霉素	Avoparcin	阿伏帕星
20	泰乐菌素	Tylosin	—
21	杆菌肽锌	Zinc bacitracin premin	枯草菌肽

续表2

序号	药物名称	英文名	别名
22	速达肥	Fenbendazole	苯硫哒唑
23	磺胺噻唑	Sulfathiazolum ST	消治龙
24	地虫硫磷	Fonofos	大风雷
25	六六六	BHC（HCH）或 Benzem	—
26	滴滴涕	DDT	—
27	氟氯氰菊酯	Cyfluthrin	百树得
28	氟氰戊菊酯	Flucythrinate	保好江乌
29	洛美沙星	Iomefloxacin	罗美沙星
30	培氟沙星	Pefloxacin	培氟哌酸
31	诺氟沙星	Norfloxacin	氟哌酸
32	氧氟沙星	Ofloxacin	奥氟哌酸

图书在版编目（CIP）数据

中华鳖稻田生态种养新技术 / 刘丽，邓时铭，王冬武主编. — 长沙 ：湖南科学技术出版社，2021.6
ISBN 978-7-5710-0539-9

Ⅰ. ①中… Ⅱ. ①刘… ②邓… ③王… Ⅲ. ①稻田－鳖－淡水养殖 Ⅳ. ①S966.5

中国版本图书馆 CIP 数据核字(2020)第 047218 号

ZHONGHUABIE DAOTIAN SHENGTAI ZHONGYANG XINJISHU
中华鳖稻田生态种养新技术

主　编：刘　丽　邓时铭　王冬武
责任编辑：李　丹
出版发行：湖南科学技术出版社
社　　址：长沙市湘雅路 276 号
网　　址：http://www.hnstp.com
印　　刷：长沙市宏发印刷有限公司
　　　　　（印装质量问题请直接与本厂联系）
厂　　址：长沙市开福区捞刀河大星村 343 号
邮　　编：410000
版　　次：2021 年 6 月第 1 版
印　　次：2021 年 6 月第 1 次印刷
开　　本：880mm×1230mm　1/32
印　　张：5.75
字　　数：150 千字
书　　号：ISBN 978-7-5710-0539-9
定　　价：28.00 元